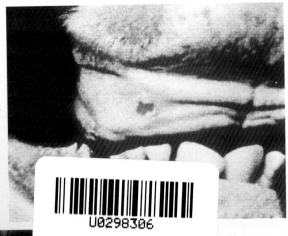

病牛牙龈上新
破裂的水疱

病牛舌面水疱破
溃后形成烂斑

病牛舌面水疱破
溃形成红色烂斑

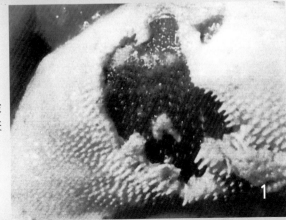

1

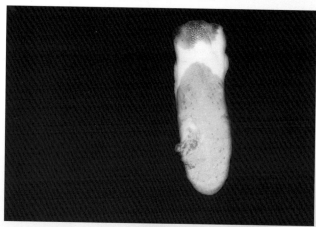

病牛舌面水疱破溃
后上皮坏死剥离

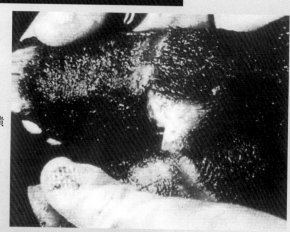

病牛蹄叉水疱破溃

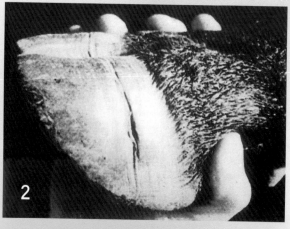

病牛蹄壳上的裂纹

2

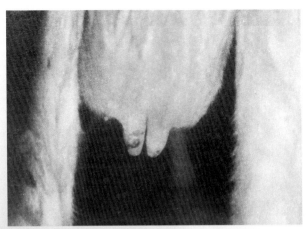

病牛乳头上的水疱

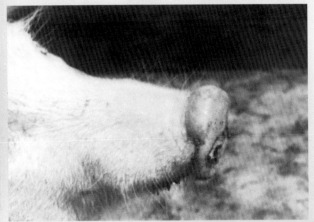

病猪鼻盘上方上皮隆起
形成水疱(田增义提供)

病猪鼻盘上破溃
的水疱(尹德华等)

3

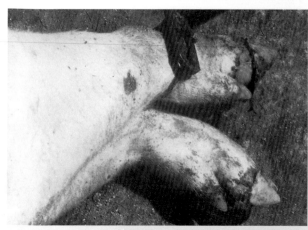

病猪蹄部的水疱破溃(尹德华等)

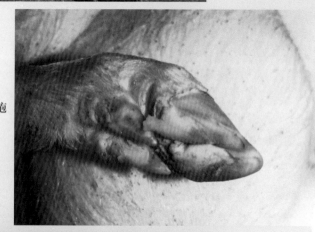

病猪蹄踵部水疱破溃形成烂斑

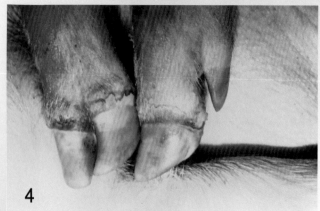

病猪蹄冠部水疱破溃结痂

4

畜禽流行病防治丛书

家畜口蹄疫防制

刘　磊　牟克斌　编著

金盾出版社

内 容 提 要

口蹄疫历来是各国检疫、监测和防疫的重点对象。本书从口蹄疫预防与控制的实际出发,结合近年来防制中的新理论和新技术,较为全面、系统地介绍了口蹄疫的流行概况、危害性、病原学、流行病学、临诊表现、诊断检疫、免疫预防、疫情控制与扑灭等方面的内容,是一本理论与实践相结合的专业技术图书。本书适于畜牧兽医工作者和农业院校有关专业师生阅读参考。

图书在版编目(CIP)数据

家畜口蹄疫防制/刘磊,牟克斌编著. —北京:金盾出版社,2003.3

(畜禽流行病防治丛书)

ISBN 978-7-5082-2310-0

Ⅰ.家… Ⅱ.①刘…②牟… Ⅲ.家畜-口蹄疫-防制 Ⅳ.S855.3

中国版本图书馆 CIP 数据核字(2003)第 001744 号

金盾出版社出版、总发行

北京太平路 5 号(地铁万寿路站往南)
邮政编码:100036 电话:68214039 83219215
传真:68276683 网址:www.jdcbs.cn
彩色印刷:北京天宇星印刷厂
黑白印刷:北京天宇星印刷厂
装订:北京天宇星印刷厂
各地新华书店经销

开本:787×1092 1/32 印张:6.875 彩页:4 页 字数:147 千字
2010 年 9 月第 1 版第 5 次印刷
印数:31001—37000 册 定价:12.00 元

前　言

　　口蹄疫是严重危害偶蹄类动物的烈性传染病。本病可通过患病动物及带毒的动物产品、各种物品和空气等媒介传播，历史上曾多次发生世界性大流行，往往严重影响畜牧业生产、经济发展和国际贸易。

　　近年来，随着对外贸易的发展，我国与世界各国及地区间动物及其产品的贸易日益频繁，存在着境外口蹄疫疫情传入我国的危险性。而且我国有数万公里的陆上边境线，周围邻国和地区的口蹄疫疫情复杂，传入因素多，对我国威胁很大。所以，必须增强防范意识，采取严格的防制措施。

　　在人类和口蹄疫斗争的一百多年历史中，积累了丰富的理论知识和实践经验，尤其是随着分子生物学技术在兽医领域的广泛应用，对本病的预防和控制又有了一些新认识和新思路。本书在历年来口蹄疫防制理论与实践的基础上，吸纳了口蹄疫研究的最新成果和防制经验，并以《中华人民共和国动物检疫法》等有关法规为依据，既有理论知识，又有实际操作技术，力求做到通俗易懂、简明扼要，适宜于畜牧、兽医、防疫、检疫、公共卫生以及畜禽养殖和畜禽产品加工等方面不同层次的人员阅读。由于我们的水平有限，书中可能存在这样或那样的问题，敬请读者批评指正。同时，也向为本书提供宝贵资料的专家、学者表示衷心的感谢。

编著者

2002 年 12 月

目　录

第一章 口蹄疫的流行概况
及其危害性

第一节 口蹄疫的主要特征
及其流行概况

一、口蹄疫的主要特征

口蹄疫(FMD)是严重危害偶蹄类动物的一种烈性传染病,病原为口蹄疫病毒(FMDV)。1898 年德国 Loeffler 和 Frosch 等证明口蹄疫的病原体为滤过性病毒,这是最早发现的动物病毒。该病毒有 A 型,O 型,C 型,南非 I 型(SAT I 型),南非 II 型(SAT II 型),南非 III 型(SAT III 型)和亚洲 I 型(Asia I 型)等 7 个没有相互免疫关系的血清型及 60 多个亚型,可感染 30 多种动物。主要危害牛、猪、羊、骆驼、鹿等家畜及野生偶蹄类动物,偶见于其他动物和人,因而也是一种人兽共患病。

本病为急性、高度接触性、发热性的传染病,临诊上以口腔黏膜、蹄部及乳房皮肤发生水疱和溃烂为特征。类似这样的症状我国民间称为"口疮"、"鹅口疮"、"烂舌癀"、"蹄癀"或"脱靴症"等。易感动物通过接触传染源,或通过呼吸道、消化道等途径感染此病毒后,一般经过 3~5 天的潜伏期出现典型症状,即口腔、舌面、鼻镜、唇部、乳房、蹄叉、蹄冠、蹄踵等部位出现灰白色水疱和水疱破溃后露出鲜红色糜烂面,伴有体温升高现象,可高达 40℃～42℃,精神萎靡,食欲减退,脉搏和呼吸加快,蹄痛跛行,蹄壳边缘溃裂,重者蹄壳脱落。牛、鹿、骆驼等反刍动物口流泡沫状口涎,牛特别明显,羊一般不见流口涎;育肥猪和母猪常卧地不起,不能站立,跪地爬行,怀孕母猪和母牛常引起流产,哺乳母猪或奶牛乳头、乳房处有明显水疱;仔猪、犊牛瘫软卧地不能吮乳,虽不出现水疱,但多因心肌炎而呈急性死亡。成年动物感染后死亡率较低。患病动物生产性能迅速下降。一般于发病后 10～15 天开始康复。

　　本病传播途径多、传染性强、感染率高、传播迅速,一旦发病往往造成大流行,不易控制和消灭,历史上曾多次发生世界性的大流行。口蹄疫的暴发和流行不仅给畜牧业生产和经济发展造成巨大的损失,而且也往往影响一个国家的国际贸易和周边关系,因而在国际上又被冠以"政治经济病",成为各国政府重点检疫、监测和防疫的对象。为保护本国利益,各国政府以法令措施禁止从有口蹄疫国家或地区输入偶蹄动物及其产品,防止传入疫情。国际兽疫局(OIE)和联合国粮农组织(FAO)把口蹄疫列为成员国发生疫情必须报告的 A 类第一位的烈性传染病,我国也把口蹄疫列为防疫和出入境动物及产品检疫的第一类传染病的第一位。因此,绝大多数国家,无论有无口蹄疫,都动用大量的科研和经济力量控制和防止该病的发生。

二、口蹄疫的流行概况

(一)口蹄疫在世界各地的流行及分布概况

　　口蹄疫是世界性流行性传染病,流行历史悠久,在世界各地分布极为广泛。阿拉伯学者早在 14～15 世纪就已记载了类似口蹄疫的疾病。1514 年意大利学者比较详细地记述了与口蹄疫极相似的牛病。历史上,欧洲、亚洲、非洲、南美洲、北美洲及大洋洲都曾发生过口蹄疫。在 17~19 世纪,欧洲大陆曾多次发生和广泛流行本病。自进入 20 世纪以来,除大洋洲已扑灭口蹄疫外,欧洲国家口蹄疫仍很猖獗,其他各洲均有不同程度的流行;到 20 世纪 80 年代,除大洋洲、北美洲早已无口蹄疫疫情外,欧洲虽有不少国家仍有此病,但疫情大大减少,而亚洲、非洲和南美洲各国则是口蹄疫的重疫区。近年来,口蹄疫在世界上主要流行于亚洲,其次是非洲、南美洲和欧洲。迄今为止只有新西兰在历史上是惟一未发生过口蹄疫的国家。澳大利亚于 1872 年、美国于 1929 年、加拿大于 1952 年、墨西哥 1954 年宣布消灭了口蹄疫,后采取严格防范措施,禁止从有口蹄疫国家或地区输入动物及其产品,有的因有四面环海的天然屏障,未再传入口蹄疫,属长期无口蹄疫国家。

(二)口蹄疫在我国及周边国家和地区的流行及分布概况

口蹄疫在我国流行历史由来已久,其特点是在一定地区一定时间接连不断发生。据部分省、自治区疫病志记载,1893年云南省西双版纳曾流行过类似口蹄疫,1902 年甘肃酒泉一带发生口蹄疫大流行,1935 年初苏沪铁路沿线也有本病的流行,1935~1938 年青海、甘肃的河西走廊及云南和内蒙古流行本病,1939 年口蹄疫由缅甸传入云南省的德宏、临沧、思茅一带,1940 年云南疫情未熄,新疆喀什一带又暴发口蹄疫。新中国成立后,经过全面组织防制,老疫区扑灭了,新疫区新疫情有时又有出现,如 1950 年和 1963 年曾由苏联、蒙古传入我国新疆、内蒙古、东北地区;1952~1953 年多次由缅甸传入云南中缅边境地区;1957~1958 年由香港、澳门传入广东。1997年台湾省大面积暴发猪口蹄疫,1999 年金门等地暴发牛口蹄疫,经济损失巨大。

我国与许多国家和地区毗邻或临近，有两万多公里长的国境线，地域辽阔，口蹄疫易感动物多而复杂。这些周边国家和地区大多数都是口蹄疫流行区，疫病呈周期性暴发，且反复不断。目前我国周边的部分国家和地区口蹄疫仍然流行猖獗。从口蹄疫的地理分布上可见，我国东与新近暴发疫病的日本、韩国隔海相望；南与疫情常年发生的越南、缅甸等国陆路相通；北与有疫情的俄罗斯、蒙古等国毗邻而居；还有更大的威胁来自于位于我国西南的素有"口蹄疫毒库"之称的印度和西北的"病毒通道"中亚数国。这些周边国家和地区疫情不断，对我国造成严重威胁，发生口蹄疫大流行的可能性非常大，我国中央政府和各地方防疫机构都非常关注此疫情的动态。

（三）历年来世界各地口蹄疫疫情概况

据联合国粮农组织和国际兽疫局家畜卫生年鉴统计资料：1951～1952年，欧洲、亚洲口蹄疫大流行。1953年欧洲、亚洲、非洲、南美洲有66个国家流行口蹄疫。1959年有57个国家（欧洲26个、亚洲16个、美洲15个）流行口蹄疫。1967～1968年英国和苏联流行口蹄疫。1971年葡萄牙发生1次大面积流行，苏联、西班牙等国也有暴发，非洲发生的口蹄疫流行波及30多个国家和地区。1976年，有73个国家和地区暴发了口蹄疫。1977年亚洲发生口蹄疫流行，波及马来西亚等13个国家和地区。1979年有68个国家和地区（欧洲6个、南美洲9个、亚洲30个、非洲23个）流行口蹄疫。在流行的口蹄疫病毒型方面欧洲国家主要为O型，A型，C型；亚洲国家为O型，A型，C型和亚洲I型；非洲国家为O型，A型，C型，南非I型，南非II型，南非III型；南美洲国家为O型，A型，C型。除北美洲、大洋洲早已扑灭疫情外，欧、亚、非、南美四洲在近代史上从未间断。1980年以前无口蹄疫的国家，在非洲有17

个,在欧洲有 16 个,在美洲有 7 个,在亚洲有 6 个,在大洋洲有 2 个。

此后,1982 年共有 57 个国家和地区(欧洲 5 个、亚洲 27 个、非洲 16 个、南美洲 9 个),1983 年共有 63 个国家和地区(欧洲 6 个、亚洲 27 个、非洲 21 个、南美洲 9 个),1984 年共有 44 个国家和地区(欧洲 8 个、亚洲 16 个、非洲 11 个、南美洲 9 个),1985 年共有 39 个国家和地区(欧洲 3 个、亚洲 10 个、非洲 17 个、南美洲 9 个),1987 年共有 53 个国家和地区(欧洲 4 个、亚洲 22 个、非洲 18 个、南美洲 9 个),1989 年共有 45 个国家和地区(欧洲 4 个、亚洲 17 个、非洲 16 个、南美洲 8 个)流行口蹄疫。据国际兽疫局 1990 年公告,流行的口蹄疫毒型已定型的有 41 个国家,O 型占 19 个、A 型 10 个、C 型 4 个、亚洲 I 型 4 个、南非 I 型 1 个、南非 Ⅱ 型 3 个,未定型 15 个。

1991 年保加利亚等国发生疫情,南美洲、亚洲常有口蹄疫暴发,而非洲口蹄疫疫情则长年不断。由于世界各国越来越重视该病的防制工作,一些国家已先后宣布消灭了口蹄疫,口蹄疫在世界流行受到一定的遏制。1991 年全世界发病国家共有 44 个(其中亚洲 22 个、非洲 15 个、南美洲 7 个);散发存在的有 19 个(其中亚洲 5 个、非洲 11 个、拉丁美洲 2 个、欧洲 1 个),情况不明的 29 个;已无疫情的国家 37 个(其中亚洲 3 个、欧洲 22 个、大洋洲 2 个、非洲 3 个、美洲 7 个)。

在欧洲一些经济发达的国家已基本控制或消灭了口蹄疫,但在经济不发达国家流行甚重。1995 年和 1996 年东南欧大规模暴发口蹄疫,它们是阿尔巴尼亚、波兰、南斯拉夫、希腊和土耳其等国。在亚洲一些国家和地区也时有口蹄疫发生,主要是我国周边国家和地区,表现为疫情呈周期性暴发,连绵不断,反复发作。当时只有日本、韩国、新加坡无疫情。香港于1992年暴发13起O型口蹄疫,疫情主要在集约化养猪场;缅甸1991～1992年发生口蹄疫疫情68起;1995年12月尼泊尔发生疫情;1996年1月缅甸发生亚洲Ⅰ型口蹄疫;尤其引人关注的是1997年3月中旬,已在台湾绝迹80多年的口蹄疫又重新暴发,猪发生O型和亚洲Ⅰ型口蹄疫,疫情很快波及全岛。在非洲口蹄疫流行仍很严重,主要在乌干达、扎伊尔、南非、赞比亚等国。南美洲仍有许多国家流行口蹄疫,O,A,C 3个型都有。

1998～1999年根据世界各国送检样品鉴定结果,口蹄疫流行情况如下:亚洲1998年有13个国家和地区发生口蹄疫,1999年增加到27个,是全世界口蹄疫流行最重的区域,口蹄疫猖獗,疫情不断扩大,呈上升趋势。疫情最严重的有伊朗、菲律宾、印度、尼泊尔、越南、柬埔寨等国,发病动物种类有黄牛、水牛、奶牛、绵羊、山羊、羚羊、骆驼和猪,流行毒株毒型有O型、A型和亚洲Ⅰ型。非洲1998年只有7个国家发生口蹄疫,1999年疫情上升到18个。最严重的是肯尼亚,流行O型,A型,南非Ⅰ型和南非Ⅱ型,且有A型,O型与南非Ⅱ型混合感染的现象;其次是坦桑尼亚、毛里塔尼亚和冈比亚。发病动物主要为黄牛,西非冈比亚仅有猪发病。欧洲除俄罗斯外,无口蹄疫发生的报告。

资料显示,1999年1月至2000年6月30日,国际上发生口蹄疫的国家和地区包括俄罗斯、土耳其,以及东亚、南亚、西亚、南美、非洲的国家共40个。其中欧洲2个(土耳其、俄罗斯),南美洲2个(巴西、秘鲁),非洲8个(阿尔及利亚、博茨瓦纳、几内亚、马拉维、摩洛哥、突尼斯、赞比亚、津巴布韦),亚洲28个。从发病国家和地区分布可以看出,亚洲是1999～2000

年口蹄疫疫情最重的地区。在亚洲已经很多年没有口蹄疫的日本、韩国也暴发了口蹄疫,2000年3月初,日本自1908年扑灭口蹄疫以来,相隔90多年又暴发了口蹄疫;韩国在1934年暴发口蹄疫后,2000年3月下旬又暴发了口蹄疫。此次亚洲口蹄疫感染动物主要是牛、猪,个别地方还有羊感染。流行的血清型以O型为主,个别地方有多型流行(泰国、土耳其为O型和A型,伊朗、缅甸、老挝为O型和亚洲Ⅰ型),西亚的沙特阿拉伯和科威特流行的是在亚洲很少见的南非Ⅰ型。北美洲及大洋洲无口蹄疫发生的报告。

2001年2月,在欧洲有多年研究和防制口蹄疫历史的英国,继1981年暴发口蹄疫后,又一次暴发口蹄疫,急宰牲畜百余万头,欧洲处于紧急防疫状态。虽竭尽全力防疫,终因欧共体统一货币,市场一体化,物资流通渠道多,法国、荷兰、比利时未能幸免口蹄疫灾难。亚洲也不安宁,印度、沙特阿拉伯、菲律宾、蒙古也发生了口蹄疫。非洲乌干达、南美阿根廷也于2～3月间发生了口蹄疫。2002年5月韩国又发现口蹄疫病例,经采取大量有效的控制、消灭疫情的措施,从6月23日以后,未发现新的口蹄疫病例,韩国农林部7月29日宣布,肆虐2个月之久的口蹄疫疫情已经结束。

(四)近年来口蹄疫的流行趋势

口蹄疫的流行,除在邻近国家自然传播蔓延互有传出传入发生外,并能通过在贸易交流中的海运、空运交通,在国际间洲际间远距离跨国、跨海传播,可把不同病毒型口蹄疫从一个洲传到另一个洲而引起疫病发生。历史上曾有过在贸易交流中,因输出输入的动物及其产品中混有口蹄疫病毒,而将口蹄疫从一个洲传播到另一个洲的情况。据英国报道,1967～1968年,该国曾因由国外输入带病毒肉品传入疫情,再次受到口蹄疫侵袭。亚洲国家早在1962年曾由非洲传入南非Ⅰ型口蹄疫,在中东地区的伊朗、叙利亚、土耳其和巴林有过南非Ⅰ型口蹄疫发生报告。鉴于其高度的传染性及经济上的重要性,各国政府为保护本国安全,皆严格禁止或以严格检疫条件限制从有口蹄疫国家和地区输入动物及其产品,在入境口岸设有检疫机关严格检疫把关。

然而,在当今世界,随着工业、商业、交通运输业、旅游业的高速发展,国际贸易、商品流通和人员流动的日益增多,口蹄疫传播的机会必然会随之增多,使疫病因地域上的间隔所形成的隔离屏障,能阻止蔓延扩散的作用几乎完全消失。许多国家都难以保证不再有口蹄疫传出或传入,因而随时都有引起国际、洲际传播流行的潜在危险。到20世纪末,在亚洲已经很多年没有口蹄疫的我国台湾省和日本、韩国也相继暴发了口蹄疫。进入21世纪,欧洲的英国于2001年2月又一次暴发口蹄疫。如果说1997年台湾口蹄疫的暴发仅仅是给世界敲了一声警钟,那么1999～2001年口蹄疫在世界范围内的大流行,就是近年来口蹄疫流行趋势的真实写照。

近年来,世界口蹄疫分布发生了明显的变化:世界上绝大多数国家和地区仍然流行口蹄疫。传统无口蹄疫的国家和地区,偶尔仍有口蹄疫发生。有些国家和地区野生动物中虽有口蹄疫流行,但家畜中并无口蹄疫。在20年前就已宣布消灭了口蹄疫的国家和地区,其中大多数仍散发和流行口蹄疫。大多数无口蹄疫和近来消灭口蹄疫的国家和地区畜牧业得到了迅猛的发展,因而更有经济实力参与口蹄疫的控制及维护本国无口蹄疫状态,但多数口蹄疫流行国家是发展中国家,既没有良好的家畜疫病控制基础,也没有足够的资金控制和消灭口蹄疫。

第二节　口蹄疫的危害性

口蹄疫是一种灾难性的疫病,每次大流行均造成极其巨大的经济损失,这些经济损失不仅表现在家畜的生产性能方面,而且影响着国际间家畜及其产品的贸易。尤其是在一些以畜牧业和畜产品为主要经济来源的国家和地区,其损失可与地震、火山暴发及台风等自然灾害相提并论,甚至有过之而无不及。如英国 1967 年暴发口蹄疫损失 1.5 亿英磅,而俄罗斯的千岛群岛 1992 年台风损失 1 700 万卢布,美国的旧金山 1989 年发生地震损失 1 000 万美元。阿根廷是世界上第五大牛肉出口国,自 2001 年 3 月暴发动物口蹄疫后,导致阿根廷享有盛誉的草食牛肉几乎丢掉了所有的出口市场,该国的牛肉出口从 2000 年的近 6 亿美元大幅下降至 2.6 亿美元。口蹄疫危害大小依其流行过程中波及家畜的种类、数量,传染过程的严重程度,疫病进一步传播蔓延的潜力和其他一些难以预料的因素而定。口蹄疫是与技术、经济和政治密切相关的动物病的典型。

口蹄疫以传播迅速、感染率高著称。疫情一旦发生,如果得不到及时控制和扑灭,会由原发的一个疫点蔓延到几个乡(村)、县,几个省甚至几个国家。1 群牛、猪中,只要有 1 头或 1 栏发病,全群都难幸免,一般在 3～5 天内全部感染发病,造成的直接、间接经济损失巨大,危害极为严重。而且,病毒在一个地区一旦扎根,几年之内不得安宁,周而复始,时时威胁人、畜安全。疫病发生后,如由于牲畜移动、空气传播,每日可扩散 10～60 公里;病牛水疱液、口涎滴在地上,污染土壤,随着汽车轮子携带的口蹄疫病毒,1 天可以扩散到 1 000 公里以外的地区,病畜的乳及其乳制品或其他畜产品,均可携带病毒,如通过空运,则1天之内可将口蹄疫传播至万里以外。

口蹄疫对幼畜危害较大,幼畜常因心肌变性引起心脏麻痹而死亡,死亡率高,仔猪致死率高达80%～100%,犊牛为40%～60%。成年家畜感染后死亡率较低,一般为4%～5%。病畜发病后10～15天开始康复,特殊情况下,如遇春乏,病畜体质瘦弱和引起继发病时,往往也有很高的死亡率。如果发生恶性口蹄疫,则家畜不论幼年成年、体况好坏,死亡率可高达50%以上。发病后病畜严重掉膘,产奶量下降,耕畜不能使役,肉食供应及皮、毛、奶等畜产品、食品加工业都会受到严重影响。康复家畜丧失掉1/3的市场价值。而且动物及其产品的流通受到限制,影响国际贸易和对外出口。无口蹄疫国家的动物及其产品享有进入国际市场的权利,有口蹄疫的国家和地区,不仅在国内造成严重的损失,而且也很难进入国际市场。

牛患口蹄疫,因口腔溃烂、舌长水疱、疼痛不能进食,蹄烂、肿痛而不能走路,可导致各种损失。耕牛、驮牛发生口蹄疫,病程半月到1个月不等,若蹄部腐烂、蹄壳脱落,则病程更长,此间除了迅速掉膘、不能劳作之外,甚至完全丧失使用价值。肉牛不仅迅速掉膘,而且妨碍以后的生长发育。奶牛产奶量减少20%～30%,有的则完全停止产奶,即使逐渐康复,也不能恢复产奶量,还可导致乳房炎、妊娠母牛流产、不孕症或难妊症,影响繁殖育种。据推算,1963年我国发生口蹄疫病牛约1 000万头,损失牛30万～40万头,加之病牛掉膘,损失为3亿～4亿元,加上防疫费、消毒费、赔偿费以及为防制本病而投入的大量人力、物力,损失是难以计算的。

猪患口蹄疫,病变部位主要在蹄部发生水疱,其次是在鼻端和口腔。病猪不能站立、行走,食欲废绝,进行性消瘦,愈大的肥猪,损失愈惨重。蹄壳脱落者,则抗拒驱赶走路,病程约半个月左右,使肥猪变瘦,失重可达 10～20 千克不等,病愈后恢复较慢。妊娠母猪则常见流产或早产。如我国台湾省 1997 年 3 月暴发的猪口蹄疫,猪场猪死亡率为 5%,而小猪死亡率为 50%,乳猪达 100%,共扑杀 400 多万头,占饲养量的 40% 以上,同时采用灭活疫苗进行紧急预防接种,所造成的经济损失是巨大的。预计最少为新台币 136 亿元,对外贸易损失近 1 000 亿元新台币,经济下降了二个百分点,10 万从业人员、70 万相关人员受到冲击或生计受到影响。

为了控制扑灭此病,防止蔓延扩散,对疫区采取封锁措施,禁止调运动物和畜产品,关闭牲畜交易市场及屠宰加工厂,扑杀大量病畜和同群畜,销毁和无害化处理尸体,圈舍、污染场地及环境的消毒、注射疫苗等均需耗费大量人力、物力和财力,全世界每年由此造成的直接经济损失可达数百亿美元。更严重的是此病的流行给农牧业生产造成混乱,各国限制进出境动物及畜产品的流通与贸易,由此造成的损失比直接经济损失高 10 倍以上。口蹄疫的暴发已经影响到国际关系、国家声誉和世界各国的经济发展。例如,1951～1952 年欧洲口蹄疫大流行,导致奶、肉减产的直接损失为 1.43 亿英磅,而非直接损失和组织防疫等的花费,比上述数字要大得多。2001 年 2 月英国再次暴发口蹄疫,为防止疫情的蔓延,总共屠宰牲畜 400 多万头,英国国家审计署称,2001 年暴发的口蹄疫导致国家损失超过 80 亿英镑。法国等欧盟国家采取断然措施,将从英国进口的猪、羊及与其接触过的动物全部宰杀、销毁,为防止口蹄疫在欧洲大陆蔓延流行,付出了很大的代价。

第二章 口蹄疫病毒的基本特性

第一节 口蹄疫病毒的形态结构
与理化特性

一、口蹄疫病毒的基本形态

口蹄疫病毒属于微核糖核酸(RNA)病毒科中的口蹄疫病毒属,是已知最小的动物核糖核酸病毒。病毒粒子近球形,直径为 20～25nm,没有囊膜,衣壳呈 20 面体立体对称,即有12 个顶点、30 条棱和 20 个正三角形面。在负染标本中,可见其衣壳由约 32 个壳粒组成。取感染细胞培养物作超薄切片,进行电子显微镜检查,常可见到胞浆内呈晶格状排列的口蹄疫病毒。X 线衍射技术分析证明,口蹄疫病毒除 1D(VP1)第141～160 氨基酸突出于表面外,整个病毒粒子呈光滑平整的球形。口蹄疫病毒感染动物后,侵入宿主细胞,在细胞质中大量增殖,聚集形成晶格状排列,破坏细胞结构,引起动物发病。

二、口蹄疫病毒的基本结构及其功能

口蹄疫病毒由中央的核糖核酸核芯髓和周围的蛋白质衣壳所组成,无囊膜。病毒核糖核酸决定其感染性和遗传性,病毒蛋白质决定其抗原性、免疫性和血清学反应能力,介导病毒核酸进入宿主细胞,并保护中央的 RNA 不受外界核糖核酸酶等的破坏。成熟病毒粒子约含 30% 的核酸,其余 70% 为蛋

白质。

(一)口蹄疫病毒的核酸

口蹄疫病毒所含核酸为单分子线状单股正链 RNA,约由 8 500 个核苷酸组成,在病毒颗粒中心呈线球状,具有感染性。病毒核酸的沉降系数为 37S,分子量为 $2.6 \times 10^6 \sim 2.8 \times 10^6$,在氯化铯密度梯度中的浮力密度为 $1.7g/cm^3$,其碱基组成为 A/G/U/C=26/24/22/28。病毒 RNA 可作为信使 RNA(mRNA)直接翻译病毒蛋白,又可作为模板复制负链 RNA。病毒 RNA 是单顺反子,即病毒蛋白质合成一旦开始,中途不停顿,一次将所有病毒蛋白编码完。

病毒 RNA 5′端没有"帽"结构,而与一个病毒编码的小蛋白 3B(VPg) 相连接,离 5′端 400～500 个核苷酸处是一个长为 100～200 个核苷酸组成的多聚胞苷酸(PolyC)区,此区后还有一个 800 个核苷酸左右的非编码区,往后是一个长达 6 500 个核苷酸的编码区,3′端有一短的非编码区,并带有一段长为 30～40 个核苷酸组成的多聚腺苷酸(PolyA)尾。多聚胞苷酸将病毒基因组分成大小和功能不同的两部分,位于 5′端一侧的较小部分(S,大约 400 个核苷酸)可能仅与病毒 RNA 复制起始有关,位于多聚胞苷酸 3′端一侧的较大部分(L)含有编码蛋白的全部信息。该病毒 RNA 的感染性与多聚胞苷酸及其至 5′端区段有关。

病毒 RNA 含有一个编码多聚蛋白的单个翻译阅读框(ORF),由 L 区(编码非结构蛋白)、P1 区(编码结构蛋白)、P2 区和 P3 区(编码非结构蛋白)及起始密码子和终止密码子等组成。编码的多聚蛋白,裂解后分别为 L,P1,P2 和 P3。L 蛋白为前导蛋白,有 Lab 和 Lb 两种,能使帽结构的 mRNA 的翻译受阻,从而抑制宿主蛋白的合成。P1 即衣壳蛋白

（VP4，VP2，VP3 和 VP1）的前体，编码这 4 种蛋白的基因片段分别被命名为 1A，1B，1C 和 1D。P1 蛋白进一步裂解成 1AB，1C 和 1D；1AB 在病毒粒子成熟时再裂解成 1B 和 1A。这 4 种结构蛋白 1A（VP4），1B（VP2），1C（VP3）和 1D（VP1）的浓度是相等的。P3 也经过加工产生 3A，3B（VPg），3C（gln-gly 特异性蛋白酶）和 3D（RNA 聚合酶成分），有时 P3 经不同的裂解过程可能产生 3C′ 和 3D′ 蛋白。P2 的最终产物是 2A，2B 和 2C，它们的功能尚未完全清楚，2A 蛋白可能是 tyr-gly 特异性蛋白酶，其他蛋白的功能可能涉及宿主特异性病毒释放机制或抑制宿主细胞蛋白合成。

（二）口蹄疫病毒的衣壳蛋白

口蹄疫病毒衣壳由 1A（VP4），1B（VP2），1C（VP3）和 1D（VP1）4 种结构蛋白各 60 个分子组成。VP1，VP2 和 VP3 构成衣壳蛋白亚单位，位于病毒粒子的表面，VP4 位于衣壳内侧，紧贴于 VP1，VP2，VP3 复合体，并与 RNA 紧密结合。口蹄疫病毒的型别（抗原差异）是由病毒粒子外部构象决定的，即抗原的差异是由蛋白结构决定的。那些决定病毒抗原性的蛋白结构小区段被称为抗原位点。实验表明，对胰酶敏感的口蹄疫病毒抗原位点集中在显示血清型差异的 VP1 上。许多 O 型，A 型和 C 型毒株在 VP1 的一些区段的氨基酸组成不同，构成了型的抗原差异。比较分析 7 个不同血清型口蹄疫病毒基因组核苷酸序列后发现，1C 和 1D 区段变异最大。受宿主免疫系统选择压力等影响，VP1 变异最频，VP1 中关键氨基酸的点突变可以改变病毒的抗原性。VP1 全长 213 个氨基酸，是序列依赖型表位的主要结构基础，分离的 VP1 可诱生中和抗体，而其他的结构蛋白无此性质。VP1 是近年来免疫、诊断制剂研究的重点。VP1 蛋白不仅是主要的抗原，并且含有病毒受体结合区。近年来,应用单克隆抗体使有关口蹄疫病毒表面抗原位点的研究更为简捷有效。

用聚丙烯酰胺凝胶电泳分离 VP1,VP2 和 VP3,加入福氏不完全佐剂后注射豚鼠,仅 VP1 产生对病毒粒子的沉淀反应抗体,并能引起部分的免疫保护力。在 VP1,VP2,VP3 和 VP4 等 4 种蛋白质中,与中和抗体以及抗感染有关的主要是 VP1,但只有完整病毒粒子和空衣壳有良好的免疫原性,因此 VP1 可能必须有 VP4 共存或存在佐剂时才能发挥免疫原性,而且与 VP1 本身的立体构型有关。

口蹄疫病毒主要结构蛋白的基本特性见表 2-1。

表 2-1　口蹄疫病毒主要结构蛋白的基本特性

主要的结构蛋白	分子量(kD)	所含的氨基酸数	存在位置	对胰酶的敏感性	N 末端氨基酸	产生中和抗体
VP1	34	213	顶点	敏感	苏氨酸	能
VP2	30	218	表面	抵抗	天冬酰胺	不能
VP3	26	220	表面	抵抗	甘氨酸	不能
VP4	13.5	85	内部	抵抗	?	

三、口蹄疫病毒的理化性状及免疫学特性

在感染了口蹄疫病毒的细胞培养液中,主要有大小不同的 4 种粒子。最大的粒子为完整病毒,其直径为 23 ± 2nm,沉降系数为 146S,在氯化铯中的浮力密度为 1.43g/cm^3,分子量为 8.08×10^6,由 VP1,VP2,VP3 和 VP4 这 4 种结构蛋白各 60 个分子组成,具有感染性;第二种为不含有 RNA 的空衣壳,其直径为 21nm,沉降系数为 75S,在氯化铯中的浮力密

度为 1.31g/cm³,分子量为 4.7×10⁶,由 VP0(未裂解的 VP2 和 VP4),VP1 和 VP3 各 60 个分子组成,属装配过程的前衣壳,没有感染性,有型特异性和免疫原性;第三种为衣壳蛋白亚单位,其直径为 7nm,沉降系数为 12S,在氯化铯中的浮力密度为 1.5g/cm³,分子量为 3.8×10⁶,为病毒颗粒装配过程的前体之一,是由 VP1,VP2 和 VP3 各 5 分子组成的五聚体,无 RNA,无感染性,有抗原性;第四种为病毒感染相关抗原(VIA 抗原),沉降系数为 4.5S,在氯化铯中的浮力密度为 1.67g/cm³,分子量为 0.56×10⁶。1 个口蹄疫病毒只有 1 个 VIA 分子,位于病毒的浅表,是一种非结构性的病毒特异蛋白质,实质上是一种不具有活性的 RNA 聚合酶(3D 蛋白),当病毒粒子进入细胞,经细胞蛋白激活后才有酶活性,能诱发动物产生群特异抗体,但无型特异性,因此可以应用 VIA 抗原检测各型口蹄疫病毒感染动物的血清抗体。

过去认为可以通过检测 VIA 的抗体区分野毒感染与疫苗接种。现在已知 VIA 是病毒聚合酶(3D 蛋白),疫苗中也有,检测 3D 抗体并不能区分感染与免疫。取而代之的是检测 2C 抗体,2C 是疫苗中没有的非结构蛋白,免疫动物 2C 抗体阴性,感染动物则为阳性。

所有 4 种抗原(146S,75S,12S,VIA)均有补体结合和琼脂沉淀活性,如用特异抗口蹄疫血清作琼脂扩散试验,均可各自形成清晰的沉淀带。此外,应用尿素和十二烷基硫酸钠(SDS)于高温下使病毒粒子裂解,即可获得大量的 12S 衣壳蛋白亚单位,酸处理也可使口蹄疫病毒释出 12S 蛋白亚单位(由 VP1,VP2 和 VP3 构成)、RNA 和 VP4。

以福尔马林或乙酰乙烯亚胺灭活的完整病毒粒子或者空衣壳,在给动物接种后,可以产生补体结合、沉淀和中和抗体,但 12S 衣壳亚单位仅能产生补体结合和沉淀性抗体,几乎不能使动物产生中和抗体。给已注射完整病毒、空衣壳或 12S 衣壳亚单位的动物分别攻击强毒力的口蹄疫病毒,也呈同样结果。即完整病毒和空衣壳引起较好的免疫保护力,而 12S 衣壳亚单位注射组动物几乎没有任何免疫保护力。

口蹄疫病毒感染细胞培养液内不同粒子的理化和免疫学特性见表 2-2。

表 2-2　口蹄疫病毒感染细胞培养液内不同粒子的理化和免疫学特性

不同的病毒粒子	大小 (nm)	沉淀系数 (S)	分子量 (×10⁶)	氯化铯浮力密度 (g/cm³)	主要多肽	免疫原性	抗原特异性
完整病毒	23±2	146	8.0	1.43	VP1,VP2,VP3,VP4	+	型特异
空衣壳	21	75	4.7	1.31	VP0,VP1,VP3	+	型特异
12S 蛋白亚单位	7	12	3.88	1.50	VP1,VP2,VP3	−	交叉
VIA		4.5	0.56	1.67		−	群特异

第二节　口蹄疫病毒对各种理化因子的抵抗力

一、温度、干燥

口蹄疫病毒在低温下十分稳定,在 4℃～7℃可存活数月,−20℃以下,特别是−50℃～−70℃可保存数年之久。在冷冻条件下,骨髓中的口蹄疫病毒可生存 70 天,血液中能保持毒力达 4～5 个月,肉品中病毒也能保持 30～40 天,在 50%甘油生理盐水中含毒的水疱皮可在 4℃下存活 360～370 天。

该病毒对热作用较敏感。因为在 43℃以上,病毒的蛋白衣壳迅速变性,但组织材料保护的病毒,加热至 85℃仍保持一定传染性达 4 小时之久。该病毒裸露的 RNA 对热稳定。经巴氏消毒:85℃1 分钟,70℃10 分钟,或 60℃15 分钟即失去自然感染力,但在这样温度下经 7 小时,尚有极少的残留病毒可引起人工感染。该病毒一般在 26℃能存活 3 周,37℃可存活 2 天。

口蹄疫病毒对干燥的抵抗力视条件不同而异。如病毒在白蛋白中迅速干燥,并保持干燥,可长期保存,在上皮细胞中的病毒比游离病毒抵抗力强,在皮肤上存活的时间,最短 21 天,最长 352 天;一般在自然情况下,含毒组织和污染的饲料、饲草、皮毛及土壤等可保持传染性达数周甚至数月之久。空气相对湿度小于 60%时病毒不易存活。

二、辐射、超声波

紫外线能使病毒 RNA 的尿嘧啶形成二聚物,致使口蹄疫病毒迅速被灭活,用大剂量处理后的病毒仍保持抗原性和吸附细胞的能力。在自然条件下,高温和直射阳光(紫外线)对病毒有杀灭作用。污染于牛毛上的病毒在自然条件下可存活 24 天,在脱落痂皮中能存活 67 天,在麸皮中存活 104 天;在温暖季节的粪便中可保持 29～33 天,在冬季冻结的粪便中可以越冬;污染于厩舍墙壁和地板上的含病毒分泌物干燥后,其中的病毒在夏季可存活 1 个月,冬季可存活到 2 个月;污染于铁器上的病毒在气温较低时(－36℃～0℃时)可存活 30 天;

污染在纱布、木板和干草上的病毒能经受 10 天日晒；在红砖上的病毒经日晒 5 天仍具有感染性。

可见光对口蹄疫病毒的作用很弱，但预先有染料（如中性红、台盼蓝、甲苯胺蓝等）进入病毒衣壳内与病毒核酸接触，再经可见光照射，能使病毒核酸结构破坏而被灭活。这就是所谓光动力作用。

电离辐射，如 χ、α、β、γ 射线均可使病毒灭活。口蹄疫病毒对 ^{60}Co 产生的 γ 射线的最高吸收剂量为 50kGy，但在 30kGy 时就已完全灭活。若用辐射方法代替过程复杂的化学方法灭活口蹄疫病毒时，照射不能超过其最高吸收剂量，否则其免疫属性将被破坏。

超声波对口蹄疫病毒没有明显的灭活作用，除非大剂量、长时间使用。超声波主要用来破碎组织细胞，使病毒粒子从细胞中释放出来。

三、酸碱度（pH 值）、化学消毒剂

口蹄疫病毒对酸敏感。在 4℃条件下，病毒在 pH 值6.5缓冲液中，每 14 小时被灭活 90%；在 pH 值 5.5 时，每分钟被灭活 90%；pH 值 5 时，每秒钟被灭活 90%；pH 值 3 时，病毒的感染性将瞬间消失。但病毒的感染性 RNA 在 pH 值 4 时，较原病毒稳定。根据口蹄疫病毒对酸的敏感性，肉品可用酸化处理，利用肌肉后熟作用时所产生的微量酸以杀死病毒。如肉品或尸体，在 10℃～20℃经 24 小时或 8℃～10℃经 24～48 小时后，由于产生乳酸使 pH 值下降到 5.3～5.7，肌肉中的病毒很快被灭活，但在脂肪、骨髓、内脏、腺器官和淋巴结内产酸甚少，病毒可存活几周。鲜牛奶中的病毒在 37℃可生存 12 小时，18℃存活 6 天，而酸奶中的病毒可被迅速灭活。

口蹄疫病毒对碱也很敏感,在 pH 值 9 以上迅速被灭活。如 1%～2%氢氧化钠或氢氧化钾、4%碳酸钠都能在 1 分钟内灭活病毒,常用于厩舍及野外消毒。病毒在 pH 值7.2～7.6时其稳定性较强。

本病毒对酸和碱都十分敏感,因此 2%～4%氢氧化钠、3%～5%福尔马林溶液、0.2%～0.5%过氧乙酸、1%强力消毒灵、5%次氯酸钠或 5%氨水等均是良好的消毒剂。除酸和碱外,本病毒对其他化学消毒药的抵抗力较强,0.1%升汞、3%来苏儿 6 小时不能杀死病毒,在 1%石炭酸中 5 个月、70%酒精中 2～3 天病毒尚能存活,食盐对病毒无杀灭作用,酚类、酒精、乙醚、氯仿等有机溶剂和吐温-80 等表面活性剂对病毒作用不大。

四、二价离子、脂溶剂

在口蹄疫病毒衣壳表面有 Ca^{2+} 受体存在,因而 Ca^{2+} 是该病毒感染细胞所必需的。Zn^{2+} 在 10^{-15}m mol/L～5m mol/L浓度时,能抑制口蹄疫病毒聚合酶的活性,因此 Zn^{2+} 具有抗口蹄疫病毒感染能力。1mol/L $MgCl_2$ 能促进热对口蹄疫病毒的灭活作用。

口蹄疫病毒不含有囊膜,因此对脂溶剂,如乙醚、氯仿、丙酮、三氯乙烯等有抵抗力。在提纯口蹄疫病毒的过程中,常用三氯乙烯等脂溶剂除去细胞脂质而不影响病毒活性。

五、蛋白变性剂、蛋白酶

蛋白变性剂包括石炭酸、阴离子表面活性剂(如十二烷基硫酸钠、脱氧胆酸钠等)和非离子表面活性剂(如 TritonX-100,NP-40,司班-80,吐温-80 等)。石炭酸和十二烷基硫酸钠能破坏口蹄疫病毒的衣壳,因此,常用于病毒核酸提取和结构蛋白分析;TritonX-100,司班-80,吐温-80 和脱氧胆酸钠能破坏口蹄疫病毒的脂质,而对其衣壳蛋白有稳定作用,因而常用于口蹄疫病毒疫苗生产及纯化;尿素、NP-40 等不能直接破坏口蹄疫病毒,但能破坏氢键和疏水键,因而常用来防止裂解后的蛋白粘连。

DNA 酶对口蹄疫病毒没有灭活作用。RNA 酶可通过分解口蹄疫病毒核酸而被灭活,但以低浓度短时间作用,病毒 RNA 也不会受到影响,可用于破坏污染于纯化口蹄疫病毒制剂中的细胞 RNA。胰蛋白酶和胰凝乳蛋白酶对口蹄疫病毒没有灭活作用,但病毒粒子上的 VP1 分子被分解后,则可以被灭活,且病毒粒子的免疫原性也随之降低。

第三节　口蹄疫病毒的血清型及抗原特性

一、口蹄疫病毒的血清型

口蹄疫病毒具有多型性和易变异的特点。1921～1922 年最初在法国和德国发现 2 个血清型,1926 年在德国又发现 1 个血清型,在欧洲共有 3 个血清型,定名为 A,O,C 3 个型。20 世纪 30 年代在南部非洲发现 3 个不同类型的血清型,于 1948 年定名为南非 I 型(SAT I),南非 II 型(SAT II),南非 III 型(SAT III)。以后在亚洲几个国家又发现 1 个血清型,并于 1954 年报道了亚洲 I 型 (Asia I)的存在。现已知本病毒有 7 个血清型(原称正型),每一型内又有许多抗原性不完全相同的亚型,亚型内又有众多抗原差异显著的毒株。由于本病毒易发生变异,新的型和亚型可能会不断出现。1977 年世界口蹄疫中心公布有 7 个型与 60 多个亚型(见表 2-3),此后又有新的亚型出现。目前,欧洲流行 O,A,C 3 个型;亚洲主要流行 O 型,A 型,C 型和亚洲 I 型,中东地区少数国家流行南非 I 型;非洲口蹄疫具有不同的特点,毒型众多,疫情复杂,不仅有 O,A,C 型,还有独特流行于非洲南部各国的南非 I,南非 II 和南非 III 3 个型;南美洲流行 O,A,C 3 个型。

表 2-3　口蹄疫病毒的型和亚型的数目及地理分布

毒　型	亚型数	地　理　分　布	通　称
A	31	欧洲、南美、非洲、中近东、亚洲	欧洲型
O	10	欧洲、南美、非洲、亚洲、中近东	欧洲型
C	5	欧洲、南美、中近东、亚洲	欧洲型
SAT I	7	非洲、中近东	非洲型
SAT II	3	非洲	非洲型
SAT III	4	非洲	非洲型
Asia I	3	中近东、亚洲	亚洲型

口蹄疫病毒 7 个型之间在临诊表现方面没有什么不同,但各型之间抗原性则各不相同,彼此之间均无交叉免疫性。感染了某一型口蹄疫病毒,或用某一型的疫苗免疫过的动物仍可感染另一型口蹄疫病毒而发病,就是说,在免疫学上口蹄疫是偶蹄动物的 7 种疫病,每个单独的病毒型都可以引起动物一次发病。本病毒同型各亚型之间交叉免疫程度变化幅度较大,亚型内各毒株之间也有明显的抗原差异。口蹄疫病毒具有较大的变异性,有时流行初期与末期毒型不一致;在流行地区

常有新的亚型出现,某些野外的亚型在免疫学上与其原型有显著区别。病毒的这些特性,给防治和消灭口蹄疫病带来了一系列艰巨而复杂的问题。

口蹄疫病毒型的鉴定并不困难,应用补体结合试验、琼脂扩散试验、乳鼠或豚鼠交叉保护试验,通常可在几小时至多几天内得出结果。但是亚型的鉴定则较困难,目前采用的鉴定标准,主要根据各种方法(主要是补体结合试验)确定的血清学关系来区分亚型。

然而,该病毒在保存或流行中由于不断发生抗原漂移,因而并不能严格区分亚型。而且亚型并不能反映毒株之间的关系,所以用亚型表示并不实用。因此,研究病毒毒株之间的关系主要考虑以下两个方面的因素:①根据田间流行毒株和疫苗毒株关系,判断疫苗免疫家畜能否保护。一般通过研究毒株抗原性或免疫学特性差异来确定。②确定毒株差异进行流行病学研究。如要确定在某一地区或国家田间流行毒株来源是否一致,可以利用血清学方法进行研究,但用遗传学方法分析更为方便适用。

二、口蹄疫病毒的抗原特性

口蹄疫病毒的型特异性抗原决定簇存在于病毒粒子的表面。已有许多从 RNA 碱基排列顺序的同源性方面研究口蹄疫病毒抗原变异的报告。在 7 个病毒型的 RNA 之间,O 型,A 型,C 型、亚洲 I 型的 RNA 序列同源性为 $60\% \sim 70\%$,南非 I 型、南非 II 型、南非 III 型的 RNA 序列同源性也是 $60\% \sim 70\%$,但是两群间的 RNA 碱基序列同源性则是 $25\% \sim 40\%$。A 型与 O 型内的同源性为 80% 左右。欧洲型(O,A,C)和亚洲型(Asia I)与非洲型(SAT I,SAT II,SAT III)之间存在着显著的差异。但是必须指出,RNA 的这种序列同源性测定是以整个病毒 RNA 为对象的,而编码结构蛋白的 RNA 却只占整个病毒 RNA 的 30%～40%。

完整的病毒粒子和空衣壳具有型特异的抗原性,异型血清不能引起补体结合反应。但 12S 蛋白亚单位和 VP4 则可发生交叉反应。一般认为,与异型血清发生交叉反应的 12S 蛋白亚单位的抗原决定簇不在病毒粒子的表面,而是在其隐蔽部分。

完整病毒粒子有 3 个抗体结合部位:第一个是 IgM 吸附部位,位于病毒粒子的顶点;第二个是 IgG 吸附部位,位于病毒粒子顶点及其周围;第三个吸附部位在病毒粒子的表面,也是吸附 IgG 的。

口蹄疫病毒的抗原结构是由病毒颗粒表面的抗原位点构成的,而由该病毒的 4 种结构蛋白构成的病毒抗原位点,则是由几个表位或抗原决定簇组成的一个区域,其中一个表位改变可影响该区域内相邻表位与相应单克隆抗体的反应。目前虽然对口蹄疫病毒抗原结构的研究还不够深入,但仍看到一些共同特征:①微 RNA 病毒结构蛋白 1B,1C,1D 的三维结构都相似,是由 8 个 β-片和 2 个 α-螺旋组成的圆筒状。组成病毒抗原结构的氨基酸都位于 β-片间或 β-片与 α-螺旋间内。②各种口蹄疫病毒抗原结构相差很大,但研究结果大都强调了 VP1βG-βH 环和 VP1C-端对病毒抗原结构的意义。③口蹄疫病毒颗粒三维结构的研究表明,VP1～VP3 都有其重要作用,都有氨基酸位于病毒粒子表面,都能参与抗原位点的形成。VP1 上有 3 个很保守的氨基酸序列,它具有与细胞受体结合的主要功能,是病毒感染细胞的关键。VP1 以突起形式暴露在病毒粒子的表面,在免疫中发挥着重要的作用,尤其是

VP1 的 141～160 和 203～213 位氨基酸残基。④口蹄疫病毒抗原点中，形态表位多、保守、有型特异性，线性表位少、易变、毒株特异性极强，很少存在于其他分离病毒表面。

第四节　口蹄疫病毒的培养特性与增殖过程

一、口蹄疫病毒的培养特性

　　口蹄疫病毒能在鸡胚、乳兔、仔猪、犊牛、绵羊的成纤维细胞及上皮细胞，牛、羊、猪胚皮肤细胞，乳兔、仔猪、犊牛、仓鼠的肾上皮细胞及眼球虹膜上皮细胞等许多种类的原代或传代培养细胞内增殖，并产生致细胞病变(CPE)。常用的有牛舌上皮细胞、牛甲状腺细胞、牛胎皮肤—肌肉细胞、猪和羊胎肾细胞、豚鼠胎儿细胞、胎兔肺细胞、乳仓鼠肾细胞等。猪和仓鼠的传代细胞系，如 PK-15(猪肾上皮细胞)，BHK-21(乳仓鼠肾上皮细胞)和 IB-RS-2(仔猪肾上皮细胞)等传代细胞系对口蹄疫病毒也很敏感，常用于口蹄疫病毒的增殖。培养方法有单层细胞培养和深层悬浮培养，后者适用于疫苗生产。近来应用微载体培养细胞繁殖口蹄疫病毒亦已获成功。口蹄疫病毒能引起细胞核致密，细胞圆缩脱落(主要表现为细胞肿胀和微绒毛增生，细胞圆化和微绒毛消失，细胞表面平滑，并明显圆化，圆化细胞表面伸出众多浆泡，胞质泡脱离细胞和圆化细胞溶解)等细胞病变。

　　从事病毒的基础理论、诊断、免疫等项研究时，都需要事先了解病毒的感染滴度。一般来讲病毒滴度高表示该病毒具有毒力强、活性高、感染性强等特点。根据口蹄疫病毒的型(亚型)的适应性不同,可以有选择地考虑应用本动物、实验动物和组织培养来测定病毒滴度。病毒感染滴度测定的判定结果以半数致死量(LD_{50}),半数感染量(ID_{50}),半数组织培养细胞病变感染量($TCID_{50}$)、空斑单位(PFU)为准。

病毒在猪肾细胞中产生的细胞病变常较牛肾细胞更为明显,以细胞圆缩和核致密化为特征。BEIH(犊牛甲状腺细胞)对口蹄疫病毒最敏感,并能产生很高的病毒滴度,因此特别适于由野外病料(感染组织)分离病毒。用BHK-21作单层培养或悬浮培养,可用于本病毒的研究和疫苗制备。病毒在牛舌上皮培养细胞内易于生长,24小时收获时病毒毒价(滴度)为$10^6 \sim 10^8 TCID_{50}/ml$,可用于制备灭活苗。

口蹄疫病毒亦能在2℃吸附猪肾细胞,但不发生病毒感染。病毒在低温条件下不引起感染,可能是病毒不能侵入细胞的缘故。因在此时进行补体结合试验,常可测出细胞表面的病毒抗原。但在37℃情况与此相反,由于病毒迅速侵入细胞并裂解,应用补体结合试验此时反而不能检出病毒抗原。

将雏鸡适应毒或细胞适应毒接种鸡胚绒毛尿囊膜,能适应于鸡胚,通过25代后对牛无致病力,但能刺激机体产生免疫。

在C型和亚洲Ⅰ型口蹄疫病毒的生长曲线研究中发现,其隐蔽期为2.4小时,之后病毒滴度随即上升,并持续至接种以后的24小时,此后病毒滴度下降。于犊水牛肾单层细胞的24小时培养液中,C型口蹄疫病毒的感染滴度可达$10^{7.5}$ $TCID_{50}/0.1ml$,亚洲Ⅰ型口蹄疫病毒的感染滴度为$10^6 TCID_{50}/0.1ml$。疫苗制造时最适宜的收获期为接种后的20~24小时。

病毒在细胞上的增殖能力,在各毒株间存在很大差异。病毒在肾细胞上于感染 2 小时后病毒滴度才开始上升,20～40 小时达到高峰。若应用荧光抗体技术进行检测,首先可在细胞核周边看到荧光——病毒抗原,随后细胞质全部发生强烈荧光;于感染末期,核内仅有少量网纹状荧光。每个细胞产生的病毒量可达 370 个蚀斑形成单位。据报道,O 型口蹄疫病毒在 IB-RS-2 细胞上只需 8～9 小时,其病毒滴度达到最高,以后逐渐下降,而该型的某一分离株在 BHK-21 细胞上只需 3.5 小时,就能使细胞全部病变,另一克隆株产生同样细胞病变却需 6～12 小时。

口蹄疫病毒同一毒株对不同的细胞培养系统的敏感性也是不同的。对亚洲 I 型在原代牛肾细胞和几株 BHK-21 细胞上的研究表明,感染效价在接毒后 16 小时达最高,蚀斑力 4 小时为 40PFU/ml,12～24 小时达最高,BHKGoasgow 单层培养蚀斑中等大小,BHK-21 悬浮培养形成的蚀斑绝大部分是小蚀斑,而 146S 抗原 BHK-21 细胞单层及悬浮培养的含量相等,且接毒 16 小时后达最高,而牛原代肾细胞和 Lindholm 悬浮培养则为 24 小时。对 O 型毒在牛原代肾细胞和 4 株不同 BHK-21 的单层和悬浮培养细胞上增殖的研究表明,达到最高感染效价的时间 BHK-21 均为 20 小时,牛原代肾细胞为 24 小时,补体结合效价 12～24 小时达最高;146S 抗原含量以 BHK-21 单层和 Razi 悬浮培养(Bangalore 株)为最高,其次是 BHK-21Glasgow 单层细胞和牛原代肾细胞。

二、口蹄疫病毒的增殖过程

口蹄疫病毒与宿主细胞表面接触后相互作用,通过内吞作用进入细胞内部。接着脱去衣壳,释放出核酸(RNA),RNA 在细胞内进行转录形成一个大的聚合蛋白,该蛋白裂解为

P1,P2 和 P3 这 3 种大的前体蛋白。前体蛋白经过裂解最终形成 L,1A,1B,1C,1D,2A,2B,2C,3A,3B,3C 和 3D 蛋白,其中 3D 具有聚合酶活性。在该酶的作用下形成 RNA 的复制中间型(RI),先合成互补负链,再合成正链。正链 RNA 既可以作为翻译的模板,也可以被结构蛋白包装形成新的病毒粒子,成熟的病毒粒子随着细胞的死亡而被释放。

口蹄疫病毒的侵入使宿主细胞的蛋白合成迅速停止,这种蛋白合成的抑制伴随着真核翻译起始因子 4G(eIF4G)的裂解。eIF4G 是帽子结合物 eIF4F 的一个亚基,另两个亚基为 eIF4E(与帽子结构相结合)和 eIF4A(具有 ATP 依赖的 RNA 解旋酶活性)。eIF4F 与 mRNA 结合后,RNA 的二级结构被打开,有利于核糖体的 40S 亚基和 mRNA 的结合。40S 亚基与 mRNA 结合后越过 5′端非编码区(UTR)直到遇到 AUG 起始密码子。这时核糖体的 60S 亚基与 eIF4F-mRNA-40S 复合物结合,多肽链的合成开始。口蹄疫病毒的侵入使 eIF4G 降解,最终使得 eIF4F 复合物无法识别 mRNA,使 mRNA 的翻译受阻。

口蹄疫病毒侵染后,宿主细胞的组蛋白 H3 末端的 20 个氨基酸被降解,形成的 H3 的残余部分 Pi 仍与染色体相结合。3C 蛋白是惟一具有这种能力的病毒蛋白。H3 的 N 末端与真核细胞染色体转录活性的调节相关,所以认为口蹄疫病毒的 3C 蛋白裂解 H3 改变了染色体的转录,最终使得宿主细胞的蛋白翻译受阻。

口蹄疫病毒翻译的起始与 RNA 的内部核糖体进入位点(IRES)密切相关。IRES 的序列可以有较大的差异,但其二级结构却是相当保守的。口蹄疫病毒的 IRES 含有两个基本结构,一个是在 3′端的两个顺式元件,另一个是在起始密码子

AUG 上游约 20 核苷酸处的多聚嘧啶尾(PT)。多聚嘧啶尾结合蛋白(PTBP)是宿主细胞的蛋白,分子量约为 $5.7×10^4$,结合在口蹄疫病毒的 IRES 元件不相邻的两个部位,一个位于 IRES 的 5′端的茎环 2,另一个由 IRES 的 3′端的多聚嘧啶尾和茎环 4 组成,最终形成翻译起始复合物。

口蹄疫病毒的 RNA 翻译有两个起始位点,这两个起始位点相距 84 个核苷酸,产生两种前导蛋白 Lab 和 Lb,二者相差 28 个氨基酸。病毒感染前期 RNA 的翻译主要使用第二个起始密码子,而在后期趋向于使用第一个起始密码子。

总之,口蹄疫病毒侵入细胞后 3C 裂解组蛋白 H3 改变了宿主基因转录,L 蛋白降解真核起始因子 eIF4G,抑制了帽依赖的 mRNA 翻译。PTBP 识别 IRES 序列,而 eIF2 识别起始密码子,病毒的翻译开始启动。

口蹄疫病毒只有一个翻译阅读框,翻译后形成一个多聚蛋白。多聚蛋白经过初级裂解形成 4 种前体蛋白 L,P1-2A,2BC 和 P3,其中 2A 与 2B 连接处的序列为保守的 NPGP。次级裂解将 P1-2A 裂解为 VP3,VP1,VP0 和 2A;2BC 裂解为 2B 和 2C;P3 裂解为 3A,3B 和 3C。次级裂解由 3C 来完成。成熟裂解只见于病毒粒子最后形成阶段,一般认为该过程与病毒 RNA 包装相关。

口蹄疫病毒 RNA 的复制由 3D 蛋白来完成,3D 蛋白与膜板 RNA 及细胞膜相联系。VPg 与 RNA 相连成 VPg-Pupu 结构可能具有 RNA 合成引物的作用。2C 蛋白和 2B 蛋白以其前体 2BC 与细胞内膜结构紧密相连,为 RNA 合成提供了恰当的场所。

在口蹄疫病毒感染的细胞中,P1-2A 被 3C 蛋白酶催化加工为 VP0,VP1 和 VP3,这 3 种蛋白相互联系,形成 5S 原体。5 个 5S 原体形成 1 个 14S 五粒体。在五粒体的形成过程中，VP0 的 N 末端的 14 碳脂肪酸修饰物聚集在一起和 VP3 的 N 末端相互作用，使之形成稳定的 14S 五粒体，12 个五粒体形成 1 个 75S 的空衣壳。病毒 RNA 进入 75S 空衣壳，VP0 裂解为 VP2 和 VP4，口蹄疫病毒即装配完毕。装配完毕的病毒粒子大量释放到感染细胞外。病毒释放时，细胞表面出现泡状破裂和表面生芽，并伴有少量的细胞质溢出。当病毒在细胞内大量扩增造成细胞重损伤时，细胞破裂溶解。

第五节　口蹄疫病毒的变异现象

一、温度敏感变异

通过适当方法常可获得高于或低于正常温度下生长扩增的病毒变异株。特别是高于正常温度生长的变异病毒，即温度敏感(ts)变异株。口蹄疫病毒的温度敏感变异株与其亲本毒株在生物学特性方面发生以下差异：在允许温度下二者的扩增没有明显差别，而在限制温度下温度敏感变异株不能产生空斑；温度敏感变异株低于 pH 值 6.6 均敏感，而高于 pH 值 6.8 均不敏感；对热灭活的敏感性与亲代无明显差异。

对口蹄疫病毒温度敏感变异的研究，主要是为了获得稳定的弱毒株，但由于变异株的毒力减弱不明显，遗传稳定性差，一直没有获得可供制苗用的温度敏感弱毒株，但在鉴定口蹄疫病毒前体蛋白、中间体和成熟蛋白以及病毒重组方面具有重要的价值。

二、抗胍变异

口蹄疫病毒抗胍变异株(gr),只在有盐酸胍(浓度 700~800μg/ml)存在时才能生长扩增,和其他微 RNA 病毒的抗胍变异一样均发生于核酸 2C 基因,口蹄疫病毒抗胍变异株在 2C 蛋白 C-端第二十五个氨基酸被取代。

三、培养特性变异

这方面的研究主要集中于口蹄疫病毒在单层细胞上形成空斑(蚀斑)能力的变化。空斑变异株很容易分离到,且生物学特性常常出现较大差异。产生大斑的毒株在毒力和抗原性方面都要比小斑的毒株强。空斑变异株随着传代次数的增多,其突出的生物学特征逐渐消失。目前世界上几乎所有制苗用弱毒株都是经过空斑技术变异选择的,因此,要求控制在 10~20 代内使用。

四、重　组

重组变异一方面是在自然条件下发生,另一方面是利用基因工程技术产生突变株。RNA 重组机制可能有两种:RNA 在剪切或自我剪切过程中出现断裂——重接时发生交换;RNA 聚合酶在 RNA 合成之前就跳到另一分子 RNA 并接着复制。口蹄疫病毒 RNA 合成过程还没有发现剪切和重接,因此病毒重组不会采取第一种机制。第二种机制中重组在有二级结构区域有更高频率,因为二级结构会帮助发生重组的两个基因组在它们的同源系列间形成复合体,使聚合酶很容易从这一基因组跳到另一基因组,而不间断地进行 RNA 合成过程,因此,口蹄疫病毒很可能采取第二种机制进行重组。

DNA 重组技术在口蹄疫病毒的应用方面,目前已报道的有多肽亚单位疫苗、嵌合体疫苗、前衣壳疫苗等,实际上这些制苗材料都是病毒基因与载体基因的重组所得。

五、毒力变异

口蹄疫病毒毒力极易发生变异,其特点为:田间分离毒株在细胞、乳鼠、乳兔、鸡胚等传代,很快就能获得对本动物毒力减弱的病毒株,但对实验动物的毒力却逐渐增强;同一病毒株,对不同动物的致病力有明显差别,如对牛安全的弱毒疫苗给猪接种,却常常引起猪发病,甚至死亡;对本动物毒力已减弱的病毒,若又回到本动物上传代,会恢复对本动物较强的毒力。

口蹄疫病毒的毒力与其在相应宿主体内生长复制的能力密切相关。对某一动物致病力很弱的毒株,即在该宿主体内生长的能力很差,产生的病毒粒子就很少,而对某种动物毒力很强的毒株则表明,在该宿主体内复制大量的病毒颗粒。毒力变异的机制尚不十分清楚,有人认为在口蹄疫病毒 RNA 上根本就不存在控制毒力的基因,只要有影响病毒生长复制能力的因素都能造成毒力的变异。

六、抗原变异

口蹄疫病毒的抗原很容易发生变异,这是该病毒突出的特征之一。口蹄疫病毒的 7 个血清型之间、甚至同一型的亚型之间的抗原性亦不完全相同,不存在交叉保护。病毒的抗原变异是由衣壳蛋白 VP1～VP4 的氨基酸组决定的。4 种衣壳蛋白变异的顺序是 VP1＞VP3＞VP2＞VP4,VP1 变异性最大,VP4 几乎不发生变异。病毒抗原变异是抗原表位的氨基酸取代、插入或缺失造成的,发生在口蹄疫病毒颗粒表面的多肽环上,特别是 VP1βG-βH 环。引起该病毒抗原变异的另一种机制是抗原位点外的氨基酸变化,通过蛋白质空间构象的变化改变抗原特异性。

口蹄疫病毒无论在培养细胞、实验动物还是自然宿主中,都能发生毒力、抗原性等多方面的变异,有时甚至同次流行中,在不同时间或不同地区分离出的病毒株间都可能出现不同程度的差异。而且同一病毒分离物也可能含有不同特性的病毒颗粒。目前对口蹄疫病毒具有高变异频率这一机制有代表性的解释有两种。①特异抗体压力选择机制:这种机制认为口蹄疫病毒在生长复制过程中受到环境压力(如抗体)作用,发生核苷酸序列的变化,从而造成病毒变异株的出现。②类群机制:这种机制认为口蹄疫病毒 RNA 没有单一明确的核苷酸序列,而是呈现类群分布,类群是指自我复制的 RNA 分布。该机制认为 RNA 先以 DNA 作为遗传信息的载体,因为细胞中 DNA 本身的合成(RNA 作引物)和指导蛋白合成要求 mRNA 和 tRNA 等都通过 RNA 来完成,RNA 不但具有三维结构,还具有酶的特性,以及 DNA 复制可以不需要蛋白酶参加等。这种没有酶参加的 RNA 合成将伴有非常高的错误频率 $10^{-1} \sim 10^{-2}$,就出现了大量的带有错误核苷酸的 RNA,最终成为各种序列并不完全相同的 RNA 分子混合物,这种主导序列由一大群来自它自己的变异株组成“类群”分布。口蹄疫病毒 RNA 聚合酶(3D)指导病毒核酸合成时,也没有校对机制。因此,病毒 RNA 每复制一次都会产生一定错误,这样反复进行复制循环,最终在感染细胞中出现的 RNA 就不是单一序列,而是各分子间都存在有一定差别,在病毒感染新的宿主时,只是类群中一部分变异株生长复制,又产生一个新的类群，因此，病毒在传代过程中，就形成了高度易变的特征。现在已有很多资料可以证明口蹄疫病毒类群的存在。由于口蹄疫病毒具有这种类群特征，故很难分离到某一性状长期保持不变的病毒，在研究弱毒疫苗上受到挫折可能就是这个原因。

第三章　口蹄疫的流行病学

家畜传染病的一个基本特征是能在家畜之间直接接触传染或间接地通过媒介物（生物或非生物的传播媒介）互相传染，构成流行。家畜传染病的流行过程，就是从家畜个体感染发病发展到家畜群体发病的过程，也就是传染病在畜群中发生和发展的过程。传染病在畜群中蔓延流行，必须具备3个相互连接的条件，即传染源、传播途径及易感的动物。这3个条件常统称为传染病流行过程的3个基本环节，当这3个条件同时存在并相互联系时就会造成传染病的发生。口蹄疫的流行病学极其复杂，掌握其流行过程的基本条件及其影响因素，有助于我们制订正确的防疫措施，控制其蔓延或流行。

第一节　易感动物

据流行病学调查和实验感染证明，口蹄疫病毒可以感染30多种动物，主要感染偶蹄动物，很少感染其他动物和人。根据动物感染过程发生时的病毒侵入、扩增和机体的反应能力特性，习惯上区分为自然易感和人工感染两种类型。自然易感是指动物感染以一种自然产生的口蹄疫感染传递机制。人工感染系指感染材料接种动物后所发生的感染过程,在流行病学中这部分内容是作为一种可能的传染源,但这是一个仍未确定的问题。

自然感染最易感的动物有黄牛、牦牛、犏牛、水牛、奶牛、猪、山羊、绵羊、鹿和骆驼,自然感染的野生动物有野水牛、野牦牛、大额牛、野猪、野鹿、长颈鹿、野骆驼、黄羊、岩羊、驼羊、黑斑羚羊、捻角羚羊、大角羚羊、獐、大象、貘、犰狳、灰色大熊、刺猬、河狸鼠、大鼠、灰松鼠、褐家鼠和野灰兔等,人工感染的实验动物有豚鼠、吮乳小白鼠、幼仓鼠、乳兔和鸡胚等。

各种动物对口蹄疫病毒的易感性有所不同,同一种动物,品种之间也有差别。口蹄疫病毒的致病力在型间和毒株间也有差异,有对牛致病力强而对猪致病力弱的毒株,也有对猪致病力强但对牛致病力弱的毒株。高度易感动物表现有临诊症状,产生抗体并有免疫力;中等易感为无症状感染,动物产生抗体,可获得完全或部分免疫力;轻度易感是动物机体感染过程没有伴随产生血清学和临诊感染征候;不易感系指病毒在动物机体内不复制。

在多数国家牛和水牛是主要感染动物,临诊症状明显,但不严重。牛主要是直接接触感染或短距离空气传播感染,以呼吸道感染为主。本地土种牛具有一定的天然抗性,但高产欧洲牛病症比较严重。山羊、绵羊易感性较差,临诊症状也较轻,往往不易发现,免疫时也常被忽略,所以常常成为传染源,应引起足够的重视。猪主要是直接接触或饲喂污染饲料而感染,感染猪通过呼吸道排出大量的病毒,进一步感染其他易感动物,近年来证明了主要感染猪的猪适应口蹄疫病毒株的存在。虽然有人感染口蹄疫的报告,但非常罕见,即使感染也会很快康复,很少引起继发感染。与感染动物接触的人员和饲养人员,只要注意消毒卫生，防止伤口感染，一般不会有感染口蹄疫的危险。

动物对口蹄疫病毒的易感性与动物的生理状态（妊娠、哺乳）、饲养条件和使役程度等因素有关。口蹄疫暴发期间，若正值牛、羊、猪产犊产羔产仔期间，将导致新生动物大批死亡（几乎100％），耐过的母畜发病很重且有并发症。性别对动物的易感性无影响，但幼龄动物较老龄者易感性要高。

口蹄疫能感染所有的偶蹄动物，已报道的对口蹄疫易感的野生动物有11目，33科，105个种。非洲野生水牛可以长期带毒，几乎不表现临诊症状，一般也不传染家畜，其他野生动物则很少感染，偶尔感染也局限于野生动物中，多不传染家畜。但应该着重指出的是，在口蹄疫流行过程中易感动物的作用由品种的动态所决定。如果品种的数目足够大，在该地区密度相当高，动物能够支持口蹄疫病毒的扩增。该病毒通过直接接触或者间接地通过接触污染的环境，使该病广泛传播。1957～1958年，苏联口蹄疫流行时，高鼻羚羊就起到了这样的作用；1960～1970年间南非的野生水牛，1924年美国加利福尼亚州的鹿也都起到了这样的作用。在苏联，野生动物中鹿科、猪科以及高鼻羚羊亚科在口蹄疫流行病学中具有特别重要的意义。

口蹄疫的流行除受易感动物的种群密度等因素影响外，还受易感动物不同种类的影响，种类影响到口蹄疫的发生频率和传播。在生物群落中由于存在着家养的和野生的许多种类，这就造成了口蹄疫流行期间，在自然界保存病毒的适宜条件。口蹄疫难以消灭和防制与此也有重大的关系。野生动物与家畜采食于同一牧场，饮用同一水源以及通过其他形式的接触，加之野生动物自由移动，因而对许多国家和地区口蹄疫的流行可能有很大影响,也可能是造成口蹄疫较大范围传播的原因。

口蹄疫属人、兽共患病,虽有人感染口蹄疫的报道,但非常罕见,即使感染也会很快康复,多不引起继发感染。一般情况下,人感染口蹄疫多在幼龄儿童,吃了未经消毒或消毒不彻底的患口蹄疫病牛奶引起的。成人在疲劳状态下短时间内要处理很多病畜,而手、脚又有外伤,与患畜的血、肉、内脏直接接触而发生感染,极少见到长期接触病毒的实验室工作人员发生感染的病例。临床诊断比较困难,因疱疹病毒也能引起类似症状。故要从病史、接触史以及实验室诊断,综合考虑判定。该病用抗生素治疗无效,可用碘甘油涂擦患部及配合其他对症疗法,10余天可以治愈。

第二节 传 染 源

一、患病动物

病畜是口蹄疫最主要的传染源,甚至在临诊症状出现之前,就能从病畜体开始排出大量病毒,发病极期排毒量最多,在病的恢复期排毒量逐步减少。病毒随呼出的气体、分泌物和排泄物以及母畜流产时随羊水同时排出。水疱液、水疱皮、奶、尿、唾液及粪便等含毒量最多,毒力也最强,富于传染性。在急性传染过程中屠宰病畜也可造成大量病毒的散布。病畜的肉品、奶制品、内脏、皮、毛等均可带毒成为传染源。

潜伏感染期的动物,不仅从乳汁、唾液排出病毒,而且从呼出的气体、精液、尿液和粪便中排出病毒,因此,处在该病潜伏期的动物具有极大的危险性。暴发烈性口蹄疫时,出现症状前 3～4 天,感染动物的排泄物、分泌物和组织都含病毒。据检测,可从发病前 3 天的猪鼻腔分泌物和唾液中分离出口蹄疫病毒,但最大的排毒量是在症状出现时;绵羊呼出的气体含病毒,较临诊症状早 24 小时,精液和奶中出现病毒,较临诊症状早 4 天,在口腔黏膜发现水疱之前,已在唾液中排出病毒。因此潜伏期的动物移动是极其有害的。要阻止疫病传播,必须扑杀这些发病的和潜伏期的动物,销毁尸体或无害化处理畜产品,这是最经济的办法。如果做不到,至少也要把它们有效地隔离起来。

潜伏期从机体分泌物、排泄物排出病毒与感染过程开始阶段有密切关系,易感动物病毒血症多半在感染后第二天开始,持续几小时到数天,但不多于 5 天。猪病毒血症的开始时间为感染后 1 昼夜至临诊症状期,并持续至 8 昼夜,血液中的病毒最高滴度为 $5.76\ \mathrm{logLD_{50}/ml}$。原始感染病灶的病毒通过淋巴血源性分布,引起免疫学反应,抗体滴度增加,消除机体内的病毒。

在口蹄疫感染和发病机制中由于存在着病毒血症这一阶段,这就决定了许多途径可以排出病毒:从呼出的气体、唾液、乳汁、尿、粪便、鼻、眼、性器官排出病毒。由宿主机体排出病毒到外部环境中,这是流行的病毒群生命的重要阶段,这就决定了更换个体宿主的必要性。处于外部环境中的病毒群的生存遭受到不少严酷自然条件的威胁,特别是温度、湿度条件的改变,日光及其辐射,pH 值和渗透压的下降,金属和其他化学药品的毒害,氧化作用和其他生物学因素的影响等等,当病毒经受上述条件时,大部分死亡了,少部分对上述因素有抵抗力的病毒转移到新的易感动物中。

排出病毒到外界要有一个数量的概念,这对口蹄疫流行病学有着重要意义。感染动物排出病毒的数量与动物的种类、感染时间、发病的严重程度以及病毒毒株有直接关系。如发病牛 1 昼夜从呼出的气体排出 $10^{5.4}ID_{50}$ 病毒,粪便 $10^{9.7}\sim$ $10^{10.2}ID_{50}$,尿 $10^{8.8}\sim10^{9.2}ID_{50}$,精液 $10^{6.5}\sim10^{7.8}ID_{50}$。发病猪 1 昼夜从呼出的气体排出 $10^{8}ID_{50}$ 病毒,粪便 $10^{5.5}\sim10^{6.5}ID_{50}$。发病羊 1 昼夜从呼出的气体排出 $10^{5.4}ID_{50}$ 病毒,粪便 $10^{6.2}ID_{50}$。舌皮内感染的牛,从分泌物与排泄物中发现病毒的时间为粪便 5 小时、唾液 9 小时、精液和尿 12 小时、乳汁 13 小时、呼出的气体 18 小时、鼻腔 24 小时。被感染的机体从发现口蹄疫病毒排出到出现口蹄疫损伤,两者的时间间隔 2～12 小时。但在接触感染的情况下,时间大大地延长了,从乳汁和精液排出病毒是 1～4 天,唾液 1～7 天,咽部 0～9 天。

不同种类的患病动物及病程的不同阶段,临诊症状及排出的病毒的数量和毒力是有区别的。急性发作的牛和猪,在临诊症状表现期排出的病毒特别多,也最危险,病猪的排毒量远远超过牛、羊,因此认为猪对本病的传播起着相当重要的作用;绵羊和山羊口蹄疫在流行病学上的作用值得重视,由于患病期症状轻微,易被忽略,因此在羊群中成为长期的传染源,如诊断不及时,采取措施不及时,将导致该病的快速传播。从流行病学的观点来看,羊是本病的"贮存器",保存病毒常常无症状表现;猪是"放大器",可将弱毒株变为强毒株,且病猪的排毒量远远超过牛、羊;牛是"指示器",对口蹄疫病毒最敏感。

二、带毒动物

口蹄疫病毒感染动物,尤其是反刍动物感染后,在局部长期存活,一般把这种携带有口蹄疫病毒的动物统称为带毒者,是牛、水牛、少数绵羊和山羊的有临诊症状或亚临诊症状口蹄疫的一般结果,它以无临诊症状、感染组织没有明显的组织病理学变化,在一定时期从动物咽部分泌少量病毒为特征。研究表明,急性感染的康复动物和隐性感染动物均可长期带毒,免疫动物再次接触病毒亦可成为带毒者。一般把被口蹄疫病毒感染 28 天之后,仍能从食管、咽喉部采样分离出病毒的康复动物,称之为带菌者或持续感染动物。口蹄疫病毒在动物体内可以存活数月、数年或终生,并在群体中能世代传递,带毒期随动物种类、病毒株以及其他因素而变化。从咽部能断续地采集到病毒是目前惟一检测带毒状态的方法。所分离的病毒对组织培养细胞的致病变作用降低。带毒动物能否引发新的感染,能否孕育出新的变异株,目前虽无定论,但潜在的危险是不容忽视的。

病愈动物的带毒期长短不一,一般不超过 2～3 个月。带毒的牛与猪同居常呈无显性症状,但有些猪的血液中产生抗体。从病愈带毒牛的食道、咽部等处刮取物接种健康牛和猪可发生明显的症状。康复牛的咽部带毒可达 24～27 个月,这些病毒可藏于牛肾,从尿中排出。检测证明,口蹄疫病毒具有普遍的健康带毒或感染后带毒现象。

口蹄疫康复动物,反刍类 80% 成为持续感染状态。如果让它们与易感动物接触,可能引起新的暴发流行。本世纪初田间暴发口蹄疫的报告,使人们相信,口蹄疫康复动物是与之接触的易感动物受到感染的罪魁祸首。但在人为控制的条件下,很多次田间传播都未成功。有资料表明,口蹄疫康复牛几个月之后,在其尿液里还有病毒。一些康复牛的上呼吸道有口蹄疫病毒。据认为食管、咽部以及软腭是牛的测定带毒位点,采集食管、咽部黏液(O/P 液),鉴定动物口蹄疫持续感染,成为人们普遍接受的方法。当然,在康复过程的较短时间里从其他器官和组织中也测得到病毒。对于绵羊,扁桃体是病毒滴度最高、检出率最频繁的部位。试验证明,绵羊和山羊是口蹄疫病毒携带者。

被口蹄疫病毒感染的某些动物不表现临诊症状,称为隐性感染,并成为带毒者。病毒主要存在于食道、咽部及软腭部位。据报道,非洲野水牛个体带毒可达5年,群体带毒可维持24年之久,羊带毒6～9个月,感染后的康复猪带毒时间为70天,家畜及野生动物携带口蹄疫病毒,可以成为传播者,在口蹄疫流行中起着重要作用。隐性带毒者主要为牛、羊及野生偶蹄动物,猪能不能长期带毒,尚无定论。持续感染病毒在感染动物体内局部(牛食管、咽部和软腭背部上皮细胞,奶牛乳腺,羊扁桃体上皮)可长期存活。口蹄疫病毒持续带毒的毒力较低,与流行期病毒的性质有所不同。持续感染带毒者在一定条件下可成为传染源,如各种应激因素使带毒者免疫力降低,或由于病毒变异增强了毒力。对欧洲近年来分离的18株口蹄疫病毒和9株包括疫苗毒株在内的传统口蹄疫病毒毒株,通过对编码VP1RNA的分析,发现大多数分离毒株与疫苗毒株有关,因此,认为疫苗毒株的散毒和变异是引起近年来欧洲口蹄疫暴发的主要根源。

持续性病毒与原始病毒在一系列特性上是有区别的:空斑的大小、42℃扩增特性、对pH值6.5和50℃的敏感性等。有人根据他们的研究结果,提出了引起持续性病毒变异的理论,他们认为病毒携带者携带的病毒根据其特性和遗传性不稳定分析,它们的组成是异质的,有3%～4%的病毒返祖为原始有毒力的病毒。

在流行期和间歇期口蹄疫的临诊表现是不同的,这种情况与该病毒的不同状态的性质紧密相关。对于一个有毒力的病毒,口蹄疫流行传播的特点,根据其临诊表现类型可分为良性的和恶性的过程。该病表现为高度接触传染性,在绵羊中无症状过程(有临诊症状是少见的),恶性过程则表现为致死性结局。在流行间歇期间大半是症状不全及发病较弱的形式,短时间的水疱损伤或者完全没有临诊症状,没有死亡记录,主要发病的是 8～18 月龄小动物,发病率不高,临诊诊断和病毒学诊断是困难的。这种表现与病毒的毒力弱有关,也与动物群中夹杂着一些有足够免疫力的动物有关。口蹄疫的发生常常可以解释为未曾发病的动物与携带病毒的动物混在一起引起的。

曾有报道,在十多年没有发生口蹄疫疫情的地区,应用食管探杯采集牛的食管、咽部分泌物,竟然可在少数样品中分离获得口蹄疫病毒。还有报道,在由多年未发生猪口蹄疫的地区收购肉猪,长途集中运输,在到达目的地后甚至在途中,多次发生口蹄疫疫情。这些事例说明牛、猪、羊等家畜中的确存在长期的隐性带毒现象。这或许可在一定程度上解释为什么在无外界病毒侵入的情况下非疫区内突然暴发口蹄疫。

第三节　传播途径

口蹄疫的发生与传播包括多种因素,是一个十分复杂的过程。除被感染动物及排泄物与易感动物直接接触传染外,主要通过传播媒介以多种方式和途径间接接触传染,从而使该病扩散蔓延引起暴发。许多生物或无生命物品都可能成为传播媒介。

一、传播媒介

人是传播本病毒的媒介之一，在如此众多的病毒携带者中，人的作用最重要。据报道，与病猪接触过后28小时的人鼻黏膜中分离出口蹄疫病毒。牧场的工作人员、看管病畜的饲养人员、到牧场参观访问的人员、人工授精技术人员及兽医和畜牧人员等，他们与病畜接触后，在其衣服、鞋、帽、手和呼吸道等处带有来自病畜的病毒，这些带毒者可以携带病毒到任何距离的安全畜群。如1952年德国看护病畜的人去加拿大，结果将口蹄疫带进该国。

研究证明，带毒的野生偶蹄类动物、鸟类、鼠类、猫、犬和昆虫等均可传播此病。一些与病畜接触密切或者被病畜排出的病毒污染的天然不敏感动物，如狗、猫、马和家禽等，都可能是中间的病毒携带者，机械地传播病毒到疫点之外。限制这些家养动物活动自由，以及采取一些防止口蹄疫病毒传播的措施是非常必要的。大鼠和小鼠仅仅在特殊的情况下，常常在不远的距离机械地传播病原体。更为危险的是在没有任何监督的情况下参观访问不安全的畜群和野生禽类养殖场，接触不安全的啮齿类、吸血蝙蝠等等。

有人认为候鸟带毒是某些偏远地区多年不发生口蹄疫后突然暴发的原因，但尚未获得充足的证据。罗马尼亚1966年流行1次口蹄疫，他们认为病原是候鸟从伊朗带来的A1型病毒，因为那次的发病范围与候鸟的迁徙路线相吻合。许多作者认为鸟类的羽毛表面可以被动的携带病毒，或者吞食后随同粪便排出。但许多其他观察资料与上述情况不符，对鸟类在流行病学中所起的作用持怀疑态度。

苍蝇、壁虱和其他一些昆虫是机械的病毒携带者，在口蹄疫的传播中所起的作用是次要的。它们在众多的疫情中是危险的机械传播者,但传播的距离很近,都发生在离畜舍不太远的地方。

在该病的潜伏期和发病盛期屠宰场的动物及污水、病畜粪、尿及排泄物等是该病的传染源。带毒动物和带毒畜产品,如肉、下水、皮、毛、鲜奶及乳制品等的移动和调运,也是主要的传播途径。洗肉污水,食堂、饭馆残羹剩菜及泔水等都可以传播病毒引起发病。如果屠宰的动物肉品和副产品、分割肉、骨头、厨房和屠宰场剩余物等,在没有无害化处理之前作为饲料利用,这就完成了从发病动物到易感动物的口蹄疫病毒接力赛式的传递。肉品带毒部位主要在淋巴结,屠宰后家畜的胴体有的立即冻存了。试验证明,口蹄疫病毒在冰冻条件下保持数月不死,在干燥的淋巴结中 7 天到数月不死,在干燥畜棚里能存活 43 天。英国从 1939～1950 年计有 355 次原始暴发,其中 243 次(69%)传染源是冻肉中的病毒。1967～1968 年疫情之后,英国的冻肉剔去了骨头,并且禁止从南美洲进口猪肉及其他屠宰品,之后再未观察到因肉品中携带口蹄疫病毒引起的疫病暴发。1958～1962 年口蹄疫流行期,乌克兰的疫源约有 36% 的病例是由牛奶或肉食品加工企业的产品引起的。

患口蹄疫乳牛的鲜奶及乳制品的传染性早在 18 世纪中期就被确定了。在该病表现临诊症状之前潜伏期所产的带病毒牛奶,没有任何限制地被送进牛奶场,并用脱脂乳喂养小牛。许多病例称之为"牛奶"的动物流行病,就是由于喂了含有口蹄疫病毒的牛奶引起暴发。1965～1966 年乌克兰 A$_{22}$口蹄疫流行时,约 12.5% 的疫情是由于用脱脂乳喂养小牛的结果。研究结果证实,动物尚未表现临诊症状时,来自牧场的混合牛奶中病毒的浓度相当高,小猪消耗 1ml 牛奶,含有

10^5ID_{50} 的病毒就足以使其发病。若使小猪发病，饲喂含有低浓度病毒的牛奶（$10^{2.3}ID_{50}/ml$），每头小猪 1 天饲喂 0.5L 牛奶就能发病。为了感染 1 头犊牛，1 天喂含病毒浓度为 $10^{2.05}\sim$ $10^{3.3}ID_{50}/ml$ 的 0.5～9L 牛奶就可使犊牛发病。

此外，各种污染物品亦是传播病毒的重要媒介。被病畜污染的饲养工具、运输车辆、船舱、机舱、猪笼、饲槽、饲草、饲料、屠宰工具、厨房工具、兽医器械（如针头、注射器、手术刀、镊子）等等都可以传播病毒引起发病。被污染的圈舍、场地、水源和草场等亦是天然的疫源地。疫区牲畜和畜产品的调运以及人员和车辆的来往，是疾病散布的重要途径。随着市场经济的发展，进出境动物及其产品的流通量不断增加，加之检疫不严、消毒不彻底、兽医法规执行不力等原因，可能造成更多的传播机会。

感染动物，特别是猪和牛呼出或喷出传染性气溶胶，可以随风飘散至较远的地区，是重要的病毒散播方式。近年来证明，空气也是口蹄疫的重要传播媒介。病毒能随风传播到10～60 公里以外的地方，如阴暗的天气，大气稳定，气温低，湿度高，病毒毒力强，本病常可发生远距离气源性传播。在1967～1968 年英国的口蹄疫流行就是因为长距离的气雾传播。1981年用计算机模拟了病毒从法国穿越英吉利海峡到达英国的可能性。

二、感染门户

口蹄疫是一种高度接触传染性疾病。当病畜和健康畜在一个厩舍或牧群相处时，病毒常借助于直接接触方式传递，这种传递方式在牧区大群放牧、牲畜集中饲养的情况下较为多见。通过各种媒介物而间接接触传递也具有实际意义。上皮细胞是口蹄疫病毒易感的靶细胞。病毒首先在侵入部位的上皮细胞内增殖，引起浆液性渗出物而形成原发性水疱，1～3天后，病毒侵入血流，引起动物体温升高。病毒随血液到达口腔黏膜、蹄部和乳房皮肤的表层组织，继续增殖，并形成继发性水疱。水疱破裂，动物体温下降，病毒从血液中消失。

消化道是最常见的感染门户，易感动物通常经消化道感染，也就是经污染的草料或饮水而感染。但病毒也可经损伤或无损伤皮肤或黏膜（口、鼻、眼等处）侵入。病毒经损伤皮肤、黏膜侵入时的感染域值为 $10\sim15ID_{50}$，比呼吸道的感染剂量还低，例如蹄部损伤、投喂粗饲料、粗暴地使用挤奶器、外科创伤、抓牛鼻子时指甲造成的损伤等，都是病毒侵入机体的途径。通过动物皮肤、黏膜损伤侵入机体的口蹄疫病毒进入血液循环之前，在上皮组织及局部淋巴结复制。但在外科手术时，无需局部复制过程，病毒可直接进入血液。

近年来证明呼吸道感染更易发生，感染量为口服时的 1 万至 10 万分之一，并证实家畜在自然感染后不久，病毒就能随分泌物和呼出的气体排出，认为病毒不仅在消化道繁殖，更常在呼吸道黏膜繁殖。口蹄疫病毒侵入易感动物体内后迅速增殖，感染由鼻咽部开始，病毒通过淋巴流从鼻咽部侵入全身循环，并在潜伏期阶段就扩散到全身，病毒大量繁殖，出现全身症状，体温升高，敏感部位形成水疱。用不同剂量的病毒经不同途径感染试验动物之后不久将其杀死，取不同部位的组织，证明非常小的剂量就能在呼吸道起始感染，即从此处刮取的黏液和组织能检测出一定量的病毒。呼吸道是口蹄疫病毒最普通的传播途径，特别是反刍动物，病毒在牛和绵羊的初始复制部位是咽部及周围组织。关于猪，尚无试验资料可以证明，但也认为呼吸道是病毒最通常的感染途径。然而，猪的消化道对口蹄疫病毒的敏感性要比反刍动物高得多。

近 20 多年来口蹄疫流行病学的主要成就之一,就是明确了呼吸道在发病机制中的作用,以及通过实验证实了空气传播该病病原体和气源性感染动物的可能性。特别是这个途径传播病原体与气象条件有关,而不受人类的控制。在这种意义上它被看作是口蹄疫长距离传播最危险的途径。

第四节　流行过程的一般规律

一、流行过程的表现形式

口蹄疫的流行过程表现形式有偶然发生或散发、地方性流行、流行性和大流行。

口蹄疫的地方性流行分为两类:①不间断的地方性流行,具有流行高峰;②经常的地方性流行,流行高峰与无病期交替出现。有的地区不是大面积的大批动物发病,而是个别零星散发。

口蹄疫流行的最大特点是流行迅速,如燎原之火。某一地区一旦少数动物突然发病,在 2～3 天之内可引起该地区牧场、猪场的牛和猪大量发病,即为流行性发生。随着迅速扩散蔓延在短期内传至广大的地区,引起牛、猪、羊等动物大批发病,即呈大流行发生。在草原牧区,口蹄疫多呈现大流行的方式。疫情一旦发生,可随牲畜的移动如放牧、转移牧地、畜力运输等迅速大面积蔓延。家畜普遍发病,经过一定时期后疫情才逐渐平息。引起口蹄疫突然暴发的疫源,一种是内源性的或地方性的疫源;另一种是外部的疫源,即从毗邻国家和地区传入。

实践证明,在畜群中如有 70%～80% 的免疫动物,这个数量阻止口蹄疫流行是足够的。在这种情况下若发生口蹄疫,也只是个别的散发,不会损害大量的动物。这种情况是每年注射疫苗的一些欧洲国家口蹄疫流行过程中的特点。

口蹄疫的传播形式有三:一是蔓延性传播流行,即由原发的疫区向周围邻近地区流行蔓延,或沿着猪、牛等偶蹄动物赶运路线、运输路线或人、畜往来接触频繁的方向发展,引起大流行。二是跳跃式地传播流行,即在远离原发点的地区也能暴发,或从一个地区、一个国家传到另一个地区或国家。多系输入带毒产品和家畜所致,或借助于其他传播媒介,将口蹄疫传播到与原发疫区相距很远的地方,引起突然暴发。三是在一些老疫区,疫病断续发生,零星疫情辗转不断,周而复始。原因是病愈动物长期带毒,病毒通过动物相接触而继代,形成自然疫源地,可能在间隔一定时期后酿成 1 次大流行。

二、流行过程的季节性、周期性

根据口蹄疫流行过程的观察和资料分析,该病的发病率与季节性有一定关系,但这并不能说口蹄疫是"季节性疫病"。在一定地区一定时间内动物发病率的高低取决于该地区畜牧业生产的特点、生态环境、地理条件、预防措施、动物和接触动物人的移动及其畜产品的进入、调出等因素。往往在不同地区,口蹄疫流行于不同季节。有的国家和地区以春、秋两季为主。一般冬、春季较易发生大流行,夏季减缓或平息。

一般说来,疫情发生后,如果不执行严格的综合防制措施,则迅速向周围蔓延,即使畜群在流行后获得愈后免疫,病毒的毒力相对减弱,但由于新生或引进动物的补充,也可能使病毒在这些动物中发生较隐蔽的连续传递,形成小的疫源,一旦易感动物增多,病毒的毒力增强,又可以暴发新的流行。

牛口蹄疫的流行,曾出现过较为明显的周期性。其原因可能是流行后牛群获得较长期的愈后免疫(1～4年不等),而牛的更新和周转较慢,因此停息后,有较明显的间歇期,几年后又再发生流行。猪流行口蹄疫并没有什么明显周期性的表现。这是因为猪的周转快,易感猪不断增加,愈后免疫期短(约30周),同时猪只和传染媒介接触的机会极多(如使用厨房泔水喂猪),只要存在这类传染媒介散播的条件,就能造成感染和传播。单纯性猪口蹄疫的流行无明显季节性,但以秋末、冬春为常发季节,尤以春季为流行盛期,在大群饲养的猪舍,一年四季均可发生。

新中国成立前和初期,一些老口蹄疫疫区,多于夏末秋初牲畜转移牧场或农区家畜上山放牧时发生口蹄疫,深秋至冬季加剧,广泛蔓延流行。春末缓和,入夏之后趋于平息。但遇到大流行,毒力很强时,全年皆可发生。主要原因是,夏季气温高,口蹄疫病毒在外界存活期短,病原减少。冬季气温低,有利于病毒生存,病原量较大,加之秋末冬初屠宰季节到来,易感动物流通量大,疫病传播因素增多。东南亚国家发生口蹄疫,与季风季节相吻合。这些国家牛和水牛依然是农事生产的主要劳力,家畜流通主要集中在旱季,口蹄疫发生也较频繁。然而,随着商品经济的发展,人类活动频繁,牲畜及畜产品交流增多,致使口蹄疫的发生次数、疫点数增加,因此口蹄疫的流行无明显的季节性。

多数国家存在几个血清型的口蹄疫病毒,往往1个型流行之后,另1个型也随之流行,这就破坏了前1个病毒型流行的周期性。在此基础上这个国家就处在口蹄疫病毒——宿主之间的免疫状态,又处于感染其他血清型的病毒矛盾之中,加之有毒力的流行毒株和病毒亚型的变异使流行形势更加复杂化。

易感动物卫生条件和营养状况也能影响流行的经过,畜群的免疫状态则对流行的情况有着决定性的影响。由于曾患过病的被新成长的后裔所代替,在数年之后又形成1个有易感性的畜群,从而构成1次新流行的先决条件。因此,有人认为,口蹄疫的暴发流行有周期性的特点,每隔1～2年或3～5年就流行1次。但因口蹄疫的流行受畜群免疫动物数量和预防接种措施等因素的影响,因此,这一问题尚无定论和充分的依据来证明。

三、影响流行过程的因素

家畜饲养方式和生活环境对口蹄疫暴发的严重程度影响极大。仓储密度大,家畜高度接触,有利于疫病传播。易感动物受带毒动物和环境病毒夹击,传播很快,发病率高,症状严重,损失惨重。1984年意大利流行口蹄疫,特点是大猪群发病率很高,小猪群死亡严重,很多小牛群也发生类似感染。通过各种传播媒介和途径也可引起流行性暴发。此外,青黄不接的季节若发生口蹄疫,草料不足,家畜营养状况差,可能产生严重后果。

流行毒株毒力很强时,即使疫苗免疫过的牛,也可以产生很高的感染率和严重症状。沙特阿拉伯的奶牛场牛栏里关养着几千头泌乳牛,旁边是青年后备牛群,尽管牧场曾多次接种疫苗,但在小牝牛和头胎泌乳牛群中感染率很高。虽然发病原因不详,但高度拥挤、潜在感染、超敏感性以及怀孕期免疫力下降,可能是其中的因素。相反,南美和非洲散放的牛群,口蹄疫传播一般比较隐伏,难成气候。

地理位置对于一个国家流行情况有很大的影响。岛屿和半岛国家由于有天然屏障（高山、大河、海洋、沙漠）与其他国家隔开，使动物的移动受阻，避免了口蹄疫的传入。远离国际交通要道，也能保护这些国家避免口蹄疫从外部传入。澳大利亚、新西兰、北美洲的一些国家，由于有利的地理位置和严格的兽医卫生检疫系统，对进口的动物及其产品实施严格的检疫，这些国家数十年来都没有发生口蹄疫。

气候因素和气象条件对口蹄疫的流行也有重要的影响。气象条件决定口蹄疫病毒沿着风向由空气传播的可能性。从原始疫点快速传播，风力和空气起着重要作用。气象条件还决定着水源和饲料资源的分布，决定不同地区畜牧业的发展和畜群数量，也就决定了该地区口蹄疫流行的特点。

家畜和野生动物种群密度，偏僻的或者称之谓空间隔离的畜牧业、经营活动及资源的利用方式等都与该地区的自然地理和气候特点相联系，这些条件就决定了口蹄疫的流行特点。该病的传播速度直接与家畜密度、家畜种群的易感性及人们的经济活动强度有关，间接地与自然条件有关。如南非的一些国家在制定防制口蹄疫政策时，不但要考虑疫病流行的这一指标，而且要考虑地理的、气候的、经济的、社会及政治的特点。总之，各个国家和地区都要因地制宜制定各自的防疫制度。

第四章 口蹄疫的临诊症状与病理变化

第一节 口蹄疫的临诊症状

一、口蹄疫的临诊特征

口蹄疫感染动物的临诊表现,取决于多种因素,如动物的易感性和病毒的致病性等等。易感性又取决于动物的种属、品种、年龄和生理状态等;病毒的致病性又与它的遗传学和表型特性有关。尽管动物的易感性有较大的差别,流行毒株的特性不一致,但是,多样性的临诊表现均有其特征性类型的综合病征。

(一)口蹄疫的临诊类型

典型口蹄疫的临诊症状是以发热和在口腔黏膜、乳房及蹄部皮肤上发生水疱和溃烂为特征。典型口蹄疫又可呈良性、恶性或并发症经过。对新生幼畜的特征是无鹅口疮性的急性和最急性心肌炎经过,通常以死亡结局。同样,还可能见到亚临诊感染经过。

根据本病的特性和临诊表现的延续性可分为急性和亚急性经过。急性经过持续一至数日,出现典型的临诊症状。亚急性经过可持续 2～3 周,出现特征的临诊症状,但往往不甚严重,如果动物很快康复,就认为是良性经过。在个别情况下,外界环境不良因素(气压低、高温)以及机体抵抗力弱和病毒毒力强,可呈现恶性口蹄疫经过,以高度死亡为特征。

（二）口蹄疫的发展过程

口蹄疫特征表现为急性经过阶段,分为潜伏期、前驱期和临诊期,最终康复或死亡。

病毒侵入机体至早期症状出现为潜伏期,是口蹄疫病毒在侵入部位及在动物机体内扩增期,通常为 2～3 天,有时可达 7 天,特殊病例可短至 12～14 小时或延长至 14～21 天。

前驱期的特征是食欲减退、沉郁、不甚明显的体温升高和产奶量减少,但有时缺乏上述症状或不易被发现。

充分发展的临诊特征是出现典型的水疱。经过 12～36 小时水疱破溃,局部呈鲜红色的糜烂面。此时体温升高、沉郁、步态紧凑或者跛行,脉搏和呼吸次数剧增,产奶量下降和动物体质变差。

在良性经过的情况下,很快进入康复期。此时体温转入正常,糜烂处长出新生肉芽组织覆以上皮,病毒由机体排出或者在咽-食管部长期滞留,随后产生免疫力,食欲和生产能力恢复。

恶性口蹄疫最重要的是心脏活动遭受破坏,往往最后心肌麻痹,迅速死亡。也有随着临诊症状的发展,个别牲畜延至 5～7 天的病例。新生幼畜以病毒引起的心肌炎为特征,通常迅疾死亡。

口蹄疫的并发症常是在患部组织上出现细菌性的化脓与坏死过程。有时表现为多层状的化脓性皮炎或部分蹄角质壳剥离、腱鞘炎、乳腺炎和胃肠炎等。病期延长者可出现心脏病、内分泌病(胰腺、肾上腺等疾患)的不育症。一般这类动物最终由于生产能力低下而被淘汰。

二、不同动物的临诊表现

(一)牛的口蹄疫

牛口蹄疫的潜伏期一般是 3～6 天,可能短至 24 小时,长达 7 天,罕见情况下延长到 21 天。疫病最初表现是病牛精神不振、食欲减退、体温升高达 40℃～41℃,幼畜体温可达 41℃,脉搏加快,乳牛伴有产奶量陡然下降。随后病牛咀嚼和吞咽缓慢、反刍延迟、胃肠蠕动缺乏,最后摄食停止。由于唾液分泌增加,所以开口时发出唒嘴声,稠厚的唾液从口中流出,悬成长线,饲槽常被唾液污染。约几小时内,舌、齿龈、唇及口腔黏膜红而热,迅即在唇内面、舌背面和侧面、牙龈、齿垫、颊部及鼻镜和鼻孔出现水疱。首先出现直径 1～2 厘米的白色水疱,迅速增大,在大面积的口腔黏膜和舌面上融合成片,于 1～3 天后水疱破裂,液体溢出,松弛的坏死上皮剥离开,并露出了明显的红色糜烂区。水疱破裂后,体温降至正常,全身症状逐渐好转。在口部出现水疱和破裂之后形成烂斑时,疼痛和发热非常剧烈,病牛不采食和反刍。由于它的下颌动作困难而表现出痛苦、唇颤动,口仅部分张开,严重的口腔疾患也引起大量的口水产生,泡沫充满在唇和鼻的周围,大量流涎。溃烂部位于 2～3 天后便被新鲜的上皮所覆盖,糜烂逐渐愈合,在一定的时间内还遗留有淡黄色至棕色斑痕,最后逐渐消失。如被细菌感染,糜烂加深,发生溃疡,愈合后形成瘢痕。间或发生舌的肿胀,如舌从口中伸出,致使口腔不能闭合。随着上皮再生,开始康复,疼痛减弱,摄食也恢复。

蹄部损害与口腔损伤几乎同时发生,或者蹄部损伤稍迟一点。出现水疱的部位以蹄踵球部、蹄叉和蹄冠为最常见,以在蹄间隙中的水疱最大。蹄部发生损害时,病牛以无表情的凝视目光静立于一处,如果数蹄同时患病,则病牛长卧不起,十分厌恶站立。在早期,病牛行走非常小心,疾病发展时,跛行加剧,驱赶病牛越过硬质或凸凹不平的地面时,仅能慢慢地和痛苦地一步一瘸地行走。在蹄部水疱发生前便可察觉到蹄局部温度增高和疼痛。水疱存在时间较短,体温下降时,水疱也破裂。在没有并发症的情况下,水疱破裂后1~2周即行愈合,跛行消失。若病牛衰弱,或饲养管理不当,糜烂部位可能发生继发性感染,化脓、坏死,甚至蹄壳脱落。

暴发口蹄疫的地区,病牛有时见有口腔症状,无蹄部和其他部位水疱,有时在蹄部、乳房、角根等处发生二期水疱,水疱可发生于一蹄,有的在二蹄或三蹄、四蹄皆发生水疱。有时蹄间裸露区出现继发性细菌感染,导致组织的深部坏死及化脓而使蹄壳下出现空洞,引起蹄与软组织之间松动,最后蹄壳脱落。蹄部病变的愈合常需较长的时间。若感染化脓,或因长期伏卧发生褥疮,引起败血症而导致死亡。

奶牛除口腔和蹄部外,水疱还常常出现在乳头以及偶尔出现在乳房表面。与口、蹄的病变一样,起初皮肤发红、稍肿痛、有热感,随后出现小水疱。破溃流出水疱液后,干燥结成痂皮,很快自愈。通常严重的并发症是乳房感染,水疱周围的皮肤发红,整个乳房可能肿胀,产乳量减少 1/8~3/4,且奶质出现变化,甚至泌乳停止。实践证明,乳房上口蹄疫病变见于纯种牛,黄牛较少发生。

哺乳犊牛在感染口蹄疫时,主要表现为出血性肠炎和心肌麻痹,常以心脏损害居于显著地位,病犊的皮肤和黏膜上常常不发生变化,于 12~30 小时内死于心肌炎,而不表现出任何感染症状,死亡率很高。病愈牛可获得 1 年左右的免疫力。

水牛人工接种发生口蹄疫的潜伏期为 3~5 天,口腔黏膜的水疱、烂斑比黄牛的小，流涎较轻，甚至易被忽略，尤其唇黏膜上的水疱、烂斑，常为绿豆大至黄豆大，间或指头大，数日后康复不见斑痕。舌面的水疱在舌尖部的也小，在舌中部的有花生米到蚕豆大，主要在舌根部出现枣样大水疱斑，有时几个融合成核桃大。水疱破溃后的烂斑修复亦快。舌根部水疱破溃后常因继发感染形成较深溃疡，甚至形成洞状，修复迟缓，多延至2周以上转愈。水牛蹄部水疱、烂斑和黄牛的近似，多在蹄叉、蹄踵和蹄冠出现白色水疱，破溃后形成烂斑，恢复较黄牛慢。行走时疼痛，跛行较黄牛明显，常见蹄壳从蹄踵部裂开，有时裂口很深，裂开的蹄壳常需1个月左右才能愈合。但很少见完全脱壳的。

本病一般取良性经过，约经1周即可痊愈。如果蹄部出现病变时，则病期可延至2～3周或更久。成年牛的症状较轻，怀孕母牛经常流产。良性经过时病死率很低，一般不超过1%～3%。恶性口蹄疫常引起20%～50%的死亡。恶性口蹄疫的症状在病的初期与良性口蹄疫并无不同之处，但经过5～7天，当水疱病变逐渐痊愈，病牛趋向恢复健康时，病况突然恶化，病牛全身虚弱，肌肉发抖，特别是心跳加快，节律失调，反刍停止，食欲废绝，行走摇摆或站立不稳，因心脏麻痹而突然倒地死亡。恶性口蹄疫主要是由于病毒侵害心肌引起病理变化而使成年家畜大量死亡，所以它与良性口蹄疫的继发症或并发症引起死亡是大不相同的，应该注意区别。

（二）羊的口蹄疫

1. 绵羊　口蹄疫发病率较低，症状也较轻。羊急性跛行的突然发作是口蹄疫的迹象，病羊多以蹄部症状为主。自然感染后潜伏期为2～8天。绵羊患病后，有时症状轻微至不被察觉，特别是水疱仅限于口腔黏膜时，口腔水疱较小，有小米粒大小,很少见口腔内有豌豆或蚕豆大的水疱和烂斑;舌不受损害,无其他明显的并发症,不流涎和咂嘴,而且水疱迅即消失,食欲没有明显变化,有时上唇或者颊部肿胀。蹄部病变和牛相同,仅水疱小得多,水疱常见于蹄叉、蹄冠缘,破溃后流出水疱液形成烂斑。病羊由于疼痛而发生跛行,部分羊只拒绝任何运动,并且采取一种后肢向前伸的蹲着姿势,约经10多天痊愈。羊群中疫情进展缓慢,拖延时间较长。作为全身症状,除发热外,还可见到精神沉郁和食欲减退。在产羔期流行此病时,常多流产,新生幼畜损失较大。在个别病例,乳房、阴户上也有小水疱,舌上常见有小水疱。

2. 山羊 山羊的病程多呈良性经过,有时在一定的地区也可能发生大量的病例和呈恶性经过。与绵羊相反,蹄部损伤仅见于部分病例。山羊的症状比绵羊明显,羔羊死亡率也较高。容易在口腔黏膜见到蚕豆大的水疱,疱壁很薄,迅速破裂,破裂后遗留边缘不整齐的鲜红色烂斑,烂斑特别浅,修复很快,不流口涎。主要症状表现在蹄部,50%以上的病例只有蹄部的病变,通常仅轻微受害。亦常见便秘和腹泻,粪便混有黏液或血液。在上述症状出现时,病羊常伴有体温升高,精神沉郁,在放牧群中可见到病羊跛行掉队,卧下不能起立。

奶山羊口蹄疫常出现严重的典型口蹄疫症状。

(三)猪的口蹄疫

猪的口蹄疫由于猪的品种和病毒的品系等关系,症状常很不一致。在自然感染条件下,猪口蹄疫的潜伏期很短,一般为3～5天,有的潜伏期仅为18～20小时,长者可达9～14天。一般体温升高时,精神不振,食欲减退或废绝。如无其他继发感染,良性病例经10天左右即可痊愈。

猪以蹄部损害为主要特征,也常见于鼻盘和口腔黏膜。在猪群中通常由于个别猪跛行引发对此病的怀疑。

在病的初期,足端温度升高、压痛,继以跛行。在多数病例中,蹄部病变起于蹄叉侧面的趾枕前部,其次是蹄叉后下端或蹄后跟附近。有一部分病例,沿着蹄冠发生小水疱,并逐渐融合呈一白色环带。蹄冠上的水疱破裂后,常发生出血并结成痂块。随病程延长,水疱、烂斑出现在蹄踵、蹄冠、蹄叉及副蹄等处,最多的见于蹄踵部。在这一病期中,病猪多躺卧,以腕关节向前爬行。特别是在赶运和铁路运输之后,由于炎症在蹄的皮基质部蔓延,常使角质和基部松离,蹄壳突然或逐渐脱离,发生"脱靴"。此时病猪经常躺卧或不得已时在地上跪行。蹄壳再生缓慢,新蹄壳自蹄冠部生出,向下生长,逐渐取代旧壳,常需数月时间。随着继发性水疱的形成,病猪体温升高到41℃～42℃,病猪拒食、沉郁、躺卧。水疱破裂后若无继发感染,体温随之下降,一般经4～7天转入康复期。

猪口蹄疫的口腔症状多数不典型,有的病猪在舌上和腭上发生豌豆大的水疱,破裂后形成大小不等的烂斑,上面覆盖干酪样假膜。多数病猪不流涎。

有一部分病猪,在其鼻盘出现1个或多个水疱,有的鼻盘上方整个上皮层隆起,形成1个鸡蛋大的水疱,有的病例鼻盘上未见明显水疱,而鼻端上的上皮即自行脱落。

在个别病例,哺乳母猪的乳房上也可能发生豌豆大小的水疱。如哺乳时被仔猪咬破,则形成烂斑,极其疼痛,拒绝哺乳,其仔连病带饿,陆续死亡。

怀孕母猪若患口蹄疫,可能引起流产、死胎或胎儿畸形。

吃奶仔猪患病时通常呈急性胃肠炎和心肌炎而突然死亡,病死率可达60%～80%;断奶仔猪感染常因心肌炎导致死亡。

在一个猪群中很大一部分病猪，可能缺乏上述典型症状，常常只有短暂的僵硬步态，足端发热和体温微升高，多呈良性经过，死亡率为2%～3%。另外，猪的口蹄疫临诊症状与猪水疱病症状相同，在用其他方法证明之前，任何猪的水疱病都将按口蹄疫处理。

（四）骆驼的口蹄疫

骆驼口蹄疫发病率较牛低，通常由绵羊或山羊传染而引起。壮年发病少，老、弱、幼畜发病较多，病程较长。其临诊症状与牛无多大差异。可见口腔或蹄部症状，或二者兼有，而以蹄部症状出现较多。体温升高到39.5℃～40℃。口腔黏膜潮红、敏感，经1～2天出现蚕豆大至核桃大的水疱，色灰白，水疱多发生于舌面和软口盖，其次为齿龈及舌面两侧。水疱破溃，烂斑表面呈灰红色。水疱破溃后体温迅速下降，稍流口涎。在春初草枯季节往往延至20天以上才能恢复。蹄部症状常为慢性经过，初期患部发热、肿胀、跛行，在蹄叉、蹄底边缘及皮肤连接处出现水疱，稍突出于表面，界限不明显，水疱壁较厚，不久即被草根扎穿或自破，流出橙黄色水疱液。病变部往往继发化脓，溃疡深达1～2厘米。蹄踵角质部与肌肉组织脱离，有的一片片脱落，有的一次整个脱落，牧民称为"脱靴"或"脱掌"。个别病例在炎症出现后不见水疱而"脱掌"，有的只发生蹄底裂开。1～2蹄或4蹄发病。轻的跛行，重的不能站立行走。角质新生较慢，一般需1个月以上。骆驼发病率为12%～98%。

哺乳的幼驼可能由于饮入病驼奶汁而感染，病情严重，可能出现全身脓毒血症。此外，常常发展为胃肠炎，多数以死亡为结局。

（五）鹿的口蹄疫

鹿口蹄疫在鹿中流行较少见，但病的经过常常为流行性，引起大批死亡。潜伏期为3～5天，最初表现为精神沉郁，然后体温升高到40℃～41℃，高温持续1～5天，病鹿委顿、拒食、反刍停止、躺卧。主要是在上唇内侧口腔黏膜表面，出现赤豆粒大小的水疱，少见于舌和齿龈，经数小时破溃，留下糜烂面。出现水疱期间病鹿跛行。蹄部的水疱见于蹄冠，最常见于角质层和软组织之间。在罹病过程中往往并发坏死杆菌病，在这种情况下病鹿转归不良。

幼鹿比成年鹿病情严重，致死率可高达90%。在1～2日龄幼鹿和一些老鹿，常常呈无水疱疹口蹄疫病程，以死亡为结局。曾发现怀孕母驯鹿罹病时发生早产的病例。

鹿人工接种试验，可见口、蹄都出现症状，蹄部症状尤重。多在出现跛行后，才引起注意进行检查。舌面及口腔黏膜的水疱、烂斑较小而少，与水牛、绵羊症状相似，修复很快，经7天左右即痊愈。流涎比牛轻而少。但采食显著减少或废食1～2天。有的甚至少喝水或不喝水，体况显著消瘦。蹄部的水疱、烂斑见于蹄叉、蹄冠和蹄踵，与猪的蹄部症状很相似。喜卧少动。经常出现蹄裂，有的甚至蹄壳脱落。鼻镜上亦常出现小水疱和烂斑。体温上升到40℃～40.6℃。

（六）易感试验动物的口蹄疫

试验动物中豚鼠、小白鼠、乳兔、幼地鼠、鸡胚等可以人工感染口蹄疫病毒，发病、死亡，以3～5日龄的小白鼠最敏感，病毒毒价 LD_{50} 可达7～9之多，即稀释1千万倍的病毒液仍能致乳鼠死亡，是分离、鉴定、定量测定口蹄疫病毒和抗体的理想材料。

1. 乳鼠口蹄疫　乳鼠对口蹄疫病毒敏感。但是感染途径,只有将病毒人工注射到皮下、肌内或腹腔等部位,强迫感染才能成功。健康鼠与发病鼠同居、母鼠吞食病死乳鼠,而后再给健康乳鼠哺乳,均不能使健康乳鼠感染发病。

人工强迫感染口蹄疫病毒的乳鼠潜伏期与接种的病毒毒株之毒力、接种的剂量有关,短者仅 10 小时左右,长者 3～4天。

乳鼠口蹄疫的典型临诊症状是麻痹,即四肢麻痹、头尾麻痹等,因此表现运动障碍,心肌麻痹而死亡。剖检病死乳鼠,多数有膀胱积尿。

口蹄疫病毒用乳鼠继代,对乳鼠的毒力很快变强,而对牛、猪等动物的毒力逐渐变弱。人们曾利用这种特性致弱口蹄疫病毒,制造口蹄疫弱毒疫苗。

2. 豚鼠口蹄疫 豚鼠对口蹄疫病毒的敏感性仅次于乳鼠,十万至百万分之一的病毒液可使其发病。和乳鼠一样,只有人工强迫接种的病毒才能使其发病,同居不感染。接种部位以跖部皮内穿刺最敏感,也有肌内注射感染成功的报告。口蹄疫病毒感染豚鼠,用作种毒保存、分型鉴定、高免血清制造等,是较理想的材料。

豚鼠感染口蹄疫病毒,首先在接种跖部表现红、肿、热、痛,食欲减退。一般在 20～96 小时出现水疱。水疱有大有小、连片与不连片之分。出水疱之后,食欲锐减,精神沉郁,被毛蓬乱无光。由于笼具压痛,喜卧饲槽中,或扎堆相互挤压,或独处一隅。部分豚鼠 48～96 小时在未接种病毒的前脚掌出现继发水疱(二期水疱),流产,肛门、尿道口肿胀,大小便失禁,股内侧及腹下由于尿失禁而被毛潮湿。由于肛门不能收缩,大量粪便堆积在肛门口,粪便不成形。腰椎以下麻痹,后肢尤为明显,运动失调,运动障碍。臀部被毛脱落稀疏,有的则成片脱落。有的叫声沙哑或叫不出声。鼻端有烂斑,口流涎。精神极度沉郁,反应迟钝,废食,进行性消瘦,症状严重者常陆续死亡,幸存者不多。据观察发现,似乎体重大的成年鼠比体重小的青年鼠反应严重,死亡比例高。没有大小便失禁,后肢麻痹症状不明显,叫声不变者多能耐过。1～2周后,水疱吸收,跖部消肿,食欲恢复。

3. 乳兔口蹄疫　乳兔对口蹄疫病毒人工接种也很敏感,多数病兔于24～60小时死亡。发病乳兔的临诊症状和乳鼠一样,头颈、四肢麻痹。病理剖检可见典型膀胱积尿。以乳兔为材料研究口蹄疫,在两方面获得应用:一是用乳兔继代口蹄疫病毒,得到口蹄疫弱毒疫苗种毒株;二是用乳兔生产口蹄疫病毒抗原,制造口蹄疫疫苗。

4. 口蹄疫鸡胚化毒　10～16日龄的鸡胚对口蹄疫病毒具有一定敏感性。口蹄疫强毒株通过静脉注射、尿囊腔或羊膜腔接种,强迫感染鸡胚若干代,可使病毒适应于鸡胚。口蹄疫病毒致死的鸡胚表现全身水肿,头部尤为明显。头部充血,有出血点。用鸡胚致弱口蹄疫病毒,致弱速度较快,但是病毒滴度较低。

（七）人的口蹄疫

人的病例比较少见,只有在大量感染病毒的情况下才发生本病。潜伏期2～18天,一般为3～8天。突然发病,体温升高,头晕,头痛,恶心,呕吐,精神不振。2～3天后,口腔有干燥和灼热感,唇、齿龈、舌面、舌根及咽喉部发生水疱。皮肤上的水疱多见于指尖、指甲基部,有时也见于手掌、足趾、鼻翼和面部。水疱破裂后形成薄痂或溃疡,多逐渐愈合。有的病人有咽喉痛、吞咽困难、腹泻、虚弱等症状。一般病程约1周,预后良好。重症者可并发胃肠炎、神经炎和心肌炎等。

第二节 口蹄疫的发病机制与病理变化

一、口蹄疫的发病机制

口蹄疫病毒主要经呼吸道、消化道黏膜和皮肤侵入机体，首先在入侵处的上皮细胞内繁殖，使上皮细胞逐渐肿大，变圆，发生水疱变性和坏死。细胞间液体增多，形成 1 个或多个小水疱，称原发性水疱或第一期水疱。若病毒的致病力超过机体的抗病力，则病毒由原发性水疱进入血液，并随血流迅速遍布全身，引起体温升高、脉搏加快、食欲减退等全身症状。此时病毒除存在于病畜的唾液、尿、粪便、乳汁、精液等分泌物和排泄物中外，病毒到达嗜好的部位，如口腔黏膜、瘤胃、蹄部和乳房的上皮细胞中，继续繁殖，使其肿大、变性和溶解，形成大小不等的空腔。空腔互相融合，形成新的继发性水疱，即第二期水疱，水疱内充满浆液、溶解的上皮细胞和少量中性粒细胞。随着水疱的破裂，体温即下降至正常，病毒则从血液中逐渐减少乃至消失，病畜即进入恢复期，最后大多痊愈。但有的病例，尤其是哺乳幼畜，因病毒危害心肌，致使心脏变性或坏死而出现灰白色或淡灰色的斑点、条纹，故常以急性心肌炎而致死亡。

二、剖检变化

死于口蹄疫病牛的尸体一般消瘦，被毛粗乱，口腔发臭，口外黏附着泡沫状唾液，并有口蹄疫特有的水疱、烂斑等。

剖检时还常见浆膜的小出血点，尤其是心内膜和心外膜以及在真胃与小肠黏膜上有出血点与斑带状充血。在第一胃黏膜尤其在肉柱上常可见到特征性水疱和烂斑溃疡,大小从黄豆大、蚕豆大至指头大不等,一般略呈圆形。比口腔烂斑深,四周隆起,边缘不齐,中央凹陷,呈暗红色或红黄色,部分被黄色黏液或红色痂覆盖,数目少则1~20个,多的有80~90个。也间或在第三胃和第四胃上出现烂斑、溃疡。真胃黏膜常发生炎性水肿,特别是各皱襞,在个别情况下皱襞加粗,看起来像一些宽阔的、软硬似胶冻的香肠状索,同时还有暗褐色痂与溃疡。有显著出血现象时,肠内容物因混有血液而呈红色或巧克力褐色。

鼻腔及咽喉黏膜往往充血,个别病畜的气管及细支气管有卡他性炎症,伴有肺气肿现象。膀胱黏膜呈出血性炎症。乳房、乳头上有水疱的,一般呈现轻度卡他性或浆液性乳房炎,严重时导致实质性化脓性乳房炎。蹄部水疱、烂斑继发严重感染时,间有波及邻近骨骼,可见有坏疽性损害、化脓性骨髓炎、关节化脓性或腐败性病变。

脑膜、脑实质常现多汁、水肿。脑干与脊髓灰白质中有出血点。脑腔液有时增多、浑浊。患严重口蹄疫致死的牛,在心肌切面和表面出现不规则的灰白色或淡黄色的斑点或条纹,如虎斑(虎斑纹心),以心内膜下病变最为显著。也有整个心肌变软、浑浊肿胀呈煮肉状的。

急性死亡的幼犊通常口、蹄无水疱、烂斑等病变,只有急性坏死性心肌炎病变,病灶呈灰白与白黄色无光泽的带状与索状,或同时有出血性胃肠炎。在小牛的唇内侧有时可见有硬固膜性痂形成,其表面覆有污秽的黄色薄膜。小牛的死亡率可达惊人的数字,当疫病流行又恰巧在产犊期时,新生犊的死亡率可达40%~60%。

有时偶尔发现成年牛有四肢上部或其他部位的骨骼肌发

生类似心肌变化的局部坏死病灶,有人认为这是由于继发感染所致。

三、良性口蹄疫的病理变化

良性口蹄疫病畜很少死亡,其最重要、最特征的病变是在皮肤和黏膜发生水疱、烂斑等口蹄疮。口蹄疮在口腔多位于唇内面、齿龈、颊和舌背,有时也见于硬腭、食管和瘤胃;在皮肤主要位于蹄冠、蹄踵、趾间和乳房的乳头,有时也见于肛门和阴囊。

(一)水疱的病理变化

口蹄疮起初为黄豆大、蚕豆大乃至核桃大的水疱。水疱液先透明,色淡黄,后因混有白细胞而变得浑浊,色灰白,水疱破裂后,常形成边缘整齐的鲜红色或暗红色烂斑,有的烂斑被覆1层淡黄色渗出物,渗出物干燥后,成为黄褐色痂皮,经5～10天损伤部即可愈合。水疱破裂后如继发细菌感染,则病变向深层组织发展,形成溃疡,在蹄部可使邻近组织发生化脓性或腐败性炎症,严重时可造成蹄壳脱落。关于水疱的组织学病变,只能在实验病理上看到。一般尸体剖检制作的切片,仅能看到其部分残留痕迹和水疱、烂斑底下的乳头层出血,血管周围细胞浸润及白细胞游出等。

(二)水疱病变的发生过程

水疱性病变的发生发展可出现空胞性融解与网状变性,这些变化通常是多中心的在表皮棘层内发展。在该层的细胞之间有浆液性渗出物积聚,因而使其疏松的细胞间桥开始明显。不久,与这种现象并存地出现了该层细胞的肿大,同时相互之间的联系消失而成为球形体(空胞性融解)。在变性了的细胞之间的空隙中有浆液性渗出物以及游离出来的多形核白细胞。

因此,空胞性融解过程是与渗出物出现和白细胞游出同时进行的。棘细胞继续肿大,最后以融解性坏死与细胞完全融解为终结。

棘细胞层以上的表皮各层细胞,由于相互之间联合较紧密,因此,在变性时还保持了相互间的联系而形成细网状(网状变性)。

在出现网状结构以前,细胞的原生质内产生大量小空胞。乳头层的炎性变化为充血、血管周围细胞浸润以及白细胞游出。游出的白细胞大多积聚在棘细胞层的损伤细胞中间,其数量通常并不大,有化脓伴发时例外。

淋巴管系统也发生变化,即发生凝栓性淋巴管炎,结果造成淋巴液积滞在表皮内。淋巴液混以渗出物,使损伤的棘细胞层细胞之间的距离更加大了。这样,先形成只有在显微镜下能见到的小空胞,逐渐联合而成为肉眼能看清楚的小疱和口蹄疮疱。其包膜由角质层形成,一部分由棘细胞层的上层形成,其底则置于真皮的乳头层上。大部分的柱状层通常都仍保存,只有大的乳头的顶端常没有生发层细胞。

水疱内容物为浆液与悬浮其中的坏死上皮细胞、白细胞及个别红细胞。由于内容物的继续积聚,疱膜渐趋紧张而变薄,最后因进食、反刍等机械作用而破裂。破裂的疱面形成糜烂,部分糜烂上有袋形坏死上皮层覆盖。糜烂有圆形、椭圆形的,而在几个邻近水疱疮融合时,则成为不规则的地图形。其底鲜红,一部分无上皮遮盖,一部分有上皮遮盖。糜烂表面有淡黄色脓性渗出物与黏液。在上皮层脱落以后,糜烂表面覆有一层由创伤渗出物所结成的黄褐色或褐色的干燥痂皮。

上皮再生开始较快,通常在 5～8 天之间。再生的发生是由于沿糜烂边缘的上皮细胞以及糜烂面上留存的生发层细胞的繁殖，这样在解剖学上可以得到完全恢复，但再生处在相当一个时期内可辨认出，因为该处有不大的凹陷与失去色素的白斑。

如果在病程同时又继发性细菌感染时，则由于发生化脓性炎症而使黏膜有更深层的溃疡性与结痂性病变。继发性细菌感染或在口蹄疮完全形成时，其细菌穿过口蹄疮的薄疱膜而侵入到内容液中，或在糜烂形成时侵入。

四、恶性口蹄疫的病理变化

恶性口蹄疫常见于犊牛，多以死亡为结局，死亡的原因是心肌麻痹。典型的口蹄疮不如良性口蹄疫明显，但心脏、骨骼、肌肉、肝、肾和脑等组织器官有特征性的病理变化。

（一）心　脏

心包腔有较多液体。心扩张、质软、色淡，心内、外膜有出血点。在室中隔、心房与心壁上散在灰白色和灰黄色条纹和斑点状病灶（因外观似虎皮斑纹，故称虎斑心）。病程较长时，则见质地较坚实的灰白色条状、斑点状病灶。镜检，心肌纤维颗粒变性、脂肪变性和蜡样坏死。坏死的肌纤维肿胀、均质化，随之断裂、崩解。病程较长者，间质有组织细胞、淋巴细胞增生，并有中性粒细胞浸润。病程更长者，有明显的浆细胞和成纤维细胞增生，偶见局灶性纤维化和变性肌纤维的钙化。心肌中、小型静脉周围有单核细胞和少量中性粒细胞浸润。血管内皮肿胀、增生与脱落，管腔内有透明血栓形成。

（二）骨骼肌

股部、肩胛部、颈部和臀部骨骼肌与舌肌，也可出现和心肌相似的灰黄色、灰白色斑点和条纹状病灶，有的见灰白色硬结。镜检,肌纤维变性、坏死,偶见钙化,细胞浸润多不明显。

（三）肝

肿大、色淡、质较软。镜检,淤血、小叶中心区肝细胞凝固性坏死、周边区空泡变性。

（四）肾

微肿大。镜检,充血、肾小管上皮细胞颗粒变性、浆液性肾小球肾炎、髓质有小坏死灶。

（五）脑

脑膜充血、水肿,脑实质较软,切面多汁,脑干出血。镜检,为非化脓性脑炎,神经细胞尼氏小体溶解,细胞周围水肿,有血管镶边现象和胶质细胞结节等变化。

（六）肾上腺

皮质和髓质细胞脂肪性营养不良或萎缩变性,髓质的嗜铬细胞完全消失,淋巴细胞浸润,结缔组织增生。

第五章 口蹄疫的诊断技术

第一节 临诊诊断

临诊诊断主要依靠口蹄疫特征性症状和流行病学资料进行诊断。流行病学上主要调查发病家畜的种类、有无传染性、疾病的来源、传染的速度、传染途径、不同年龄病畜的不同表现以及疾病的经过变化等。口蹄疫传染特别迅速,在畜群中若有1头发病,经过2～3天后,就会波及整个畜群,若不进行防制,常常造成大流行。病牛的口唇上挂满白色泡沫状的口涎,冬季则结成冰凌挂在唇部被毛上,体温升高,除口腔舌面发生口蹄疫特征性的水疱(蚕豆至桃核大)和烂斑外,蹄冠、趾间和乳房等处也多伴有水疱及烂斑。依据这些症状和流行病学资料,很容易与其他疫病区别,可作出初步诊断。

病猪除流行病学资料外,蹄部的水疱、烂斑、跛行均可作为诊断依据。当猪尚未出现肉眼可见的口蹄疫临诊症状之前,如作活体检疫,可对屠宰前的猪逐头测温,当体温超过正常值1.5℃~2℃范围时,立刻隔离、观察或触摸蹄冠少毛部位有无局部发热及隆起,可作初步诊断。临诊上猪口蹄疫与猪水疱病症状相同,但诊断时均可按口蹄疫处理,并在实验室做进一步的鉴别诊断(见鉴别诊断)。此外,病畜的病理剖检变化如发现心肌的虎斑变化及反刍动物第一胃黏膜、口腔黏膜和蹄趾间隙等部位的水疱烂斑,幼畜急性心肌炎引起死亡等,都有助于口蹄疫的初步诊断。为了与类似疾病鉴别和毒型鉴定及进一步确诊,必须采集病料送实验室进行鉴定。

第二节　鉴别诊断

一、临诊类症鉴别

(一)与牛口蹄疫临诊相似疾病的鉴别

1.牛瘟　口蹄疫的传播比牛瘟快得多,以蹄部的病变和较低的死亡率与牛瘟相区别。而牛瘟的严重胃肠道症状是口蹄疫所没有的。

牛瘟在舌背上没有水疱和烂斑,只在舌下面的黏膜及颊和齿龈等处发生很小的水疱,迅速崩溃,形成灰黄色的糠麸样假膜,假膜脱落后,融合成边缘不整的锯齿状烂斑。而口蹄疫水疱主要在舌背上,如指头或核桃大突出舌面,破裂脱皮后形成大的烂斑,多为椭圆形,边缘整齐,很快自愈。

牛瘟有急性腹泻,粪便恶臭,混有血液和脱落的肠黏膜,而口蹄疫无此症状。更值得注意的是牛瘟没有蹄部症状。牛瘟病牛在体温升高之后,高热稽留 4～5 天或以上,而口蹄疫病牛体温升高后迅速下降。牛瘟末期,病牛卧地呻吟,体温下降即死亡,死亡率达 70% 以上,而口蹄疫的死亡率一般不超过 1%～3%。口蹄疫对羊、猪等偶蹄动物较易传染流行,而牛瘟对这些家畜一般不传染。牛瘟的剖检病变主要是在第四胃黏膜上有溃疡,有时有出血,胆囊肿大 1～2 倍或以上,有青绿色胆汁,肠黏膜溃烂形成假膜,口蹄疫病牛没有这些病变。

2. 水疱性口炎　牛感染发病后,口腔黏膜出现水疱和烂斑,与口蹄疫症状很难区分,但水疱性口炎病牛无蹄部病变,不跛行,并呈地方性流行。更重要的特点是水疱性口炎还能感染单蹄动物,如马、骡、驴,而口蹄疫只感染偶蹄动物。此外,水疱性口炎的传染性不如口蹄疫剧烈,且多发生于夏秋季,口蹄疫则四季流行,以冬春为多。

3. 牛痘　主要侵害牛皮肤,病牛多在乳房上形成丘疹,继而发展成为水疱,之后结痂自愈。只有极少的情况下,牛的头、颈、胸及腿内侧等部位的皮肤有痘疮。痘疮的水疱较小,中间凹陷,不像口蹄疫破溃后露出鲜红色烂斑。病牛口腔及蹄部没有变化。牛痘传播较慢,病牛没有不吃草等现象,与口蹄疫易区别。

4. 牛恶性卡他热　本病与口蹄疫的相同点是在黏膜上有烂斑,然而恶性卡他热在鼻腔黏膜以及鼻镜上的坏死过程发生前并不形成水疱,且无蹄部典型症状。恶性卡他热可见角膜浑浊,而口蹄疫则无此症状。另外,恶性卡他热是一种散发病。

5. 小结节性口炎　本病发生时,在口腔黏膜上可见到很多较硬的小结节,周围有红晕,以后融合,上皮坏死形成溃疡,溃疡面凸凹不平。虽然也有较强的传染性,但无体温反应,不影响病牛吃草,不流口涎。由于没有口腔水疱和蹄部水疱溃疡等症状,所以与口蹄疫容易区别。

(二)与羊口蹄疫临诊相似疾病的鉴别

1. 羊蓝舌病　主要发生于绵羊、山羊、牛以及野生反刍动物。发病的症状较轻,以发热、消瘦、舌部有溃疡并呈蓝色、颊黏膜及肠道黏膜炎症为特征。病变也常发生于乳房、蹄冠及蹄的知觉层,呈现跛行。口蹄疫则无蓝色舌部溃疡,可资区别。

2. 羊传染性脓疱　本病的特征为口唇等处皮肤和黏膜形成丘疹、脓疱、溃疡和结成疣状厚痂。多发生于哺乳羔羊。本病分为唇型、蹄型和外阴型3种症状,蹄型几乎仅侵害绵羊。也多单独发生,偶有混合型。

3. 羊腐蹄病　为小结节杆菌感染所致,症状及病变多见于蹄部,多发生于低温地带的羊。

(三)与猪口蹄疫临诊相似疾病的鉴别

猪口蹄疫与猪水疱性疹、猪传染性水疱病和水疱性口炎4种猪水疱性疾病的临诊症状十分相似,都是在口腔黏膜上产生水疱,不易区分,需作实验室检查才能区别。这4种猪病的临诊鉴别如下:

1. 水疱性口炎　水疱性口炎除能感染牛、猪和鹿外,还能感染马、骡等单蹄动物,而口蹄疫则不感染马、骡、驴;水疱性口炎流行范围小,发病率低,极少死亡,夏季到初秋发生,呈地方流行性,很少呈流行性发生,而口蹄疫则以冬春流行较烈。

2. 猪传染性水疱病　猪传染性水疱病只感染猪,对牛、羊、鹿等动物不致病,也不直接引起哺乳仔猪死亡。在只有猪发病情况下,区别有一定困难,但有些病状的表现,仍可供鉴别参考。口蹄疫比猪传染性水疱病病情严重,口和蹄往往都有水疱,蹄部水疱初期自蹄冠向蹄叉及蹄垫部伸延,而猪传染性水疱病的病变则从蹄垫部开始,然后波及蹄叉,病势也轻,多于1蹄或2蹄有水疱,很少四肢发生水疱,或偶见4蹄都有水疱。此外,患口蹄疫的猪,口腔常有水疱,鼻盘出现水疱的占30%～40%,而猪传染性水疱病口腔少有水疱,鼻盘发生水疱的只有2%～3%。

3. 猪水疱性疹 猪水疱性疹在临诊上也很难与猪口蹄疫区别,猪水疱性疹间或感染马,但不感染牛。其确切的鉴别,只有根据系统地接种实验动物加以区别。

二、实验动物接种试验

对猪口蹄疫与猪水疱性疹、猪传染性水疱病和水疱性口炎这4种疾病确切的鉴别诊断,一般采用动物接种法加以鉴别,即采集发病典型的水疱皮,研磨,以 pH 值 7.6 的磷酸缓冲液(PB)制成 1∶10 的悬液,离心沉淀,取上清液接种猪、牛、羊、马、豚鼠、乳鼠等动物。如果猪、牛、羊、豚鼠、乳鼠均发病,马不发病,则是口蹄疫;猪和 2～3 日龄乳鼠发病,牛、羊、马不发病则是猪传染性水疱病;猪、牛、羊、马、豚鼠和乳鼠皆发病则是水疱性口炎;仅猪发病,其他动物不发病则是猪水疱性疹。此试验使用的是野外流行强毒株和牛、猪、羊、马等动物,为了防止病毒扩散,必须在有封闭、隔离、消毒等严格设施的圈舍中进行。此 4 种猪病的鉴别诊断详见表 5-1。

表 5-1　猪口蹄疫与另 3 种水疱性疾病的动物接种鉴别诊断

动物种类	接种途径	口蹄疫	猪传染性水疱病	水疱性口炎	猪水疱性疹
马	肌内	-	-	+	-
	舌黏膜	-	-	+	±
牛	肌内	+	-	+	-
	舌黏膜	+	-	-	-
羊	舌黏膜	+	-	-	-
猪	蹄叉、皮内、皮下、鼻盘、唇黏膜静脉	+	+	+	+
乳鼠	腹腔、皮下	+	+	+	-
成年小鼠	脑内	-或+	-	+	-
豚鼠	后肢跖部皮内	+	-	+	-
幼乳仓鼠	腹腔、皮下	+	+	+	-
鸡	舌、皮下	+	-	+	-
兔	皮下	-或+	-	-或+	-
鸡胚	尿囊腔	+(静脉)	-	+(卵黄囊)	-
易感细胞CPE	猪肾细胞	+	+	+	+
	牛肾细胞	+	-	+	-
	BHK	+	-	+	-
	Hela	-	-	+	-

注：+阳性反应，-阴性反应，±不规则和轻度反应

第三节　实验室诊断

在临诊上，口蹄疫的诊断一般通过流行病学、临诊症状可

做出初步诊断。为了与类似疾病鉴别及毒型的鉴定,须进行实验室检查。现已知引起口蹄疫的口蹄疫病毒有 7 个型,60 余个亚型,虽然所致疾病临诊症状相同,但病毒型之间不能产生交叉免疫。为了使防制工作有的放矢,必须进行实验室诊断,对引起口蹄疫发生的口蹄疫病毒的型进行鉴定,便于防疫时应用同型病毒疫苗。所以实验室诊断结果是处理疫情、组织防疫的必要依据。

口蹄疫的实验室诊断主要包括病原鉴定、血清抗体鉴定以及鉴别诊断(表 5-1)等方面的内容。实验室诊断方法很多,包括动物接种、病毒分离、血清学试验和分子生物学试验等。常用的方法有补体结合试验、反向及正向间接血凝试验、中和试验、琼脂扩散试验、酶联免疫吸附试验、聚合酶链反应、核酸探针技术和单克隆抗体技术等。具体采用哪种诊断方法,要根据试验要求及采集的病料种类和数量来确定。

由于口蹄疫的特殊性,出于安全考虑,防止散布病毒,各国政府都指定专门的实验室或检验机构进行口蹄疫病毒鉴定工作,所以被检材料必须送到专门的检验机构进行检验。

一、病料的采集、保存和运输

快速、准确地诊断与采集病料的合适与否有直接的关系。口蹄疫病料应在检出率最高的时间和发病部位采集。获得确切的分离物后,再进行快速、准确的诊断鉴定,以便及时指导口蹄疫的防制工作。

(一)病料采集与保存

1. 水疱皮采集 接到口蹄疫疫情报告后,立即到疫点采集病料,绝不能错过时机。牛、猪、羊、骆驼感染口蹄疫病毒之后,首先表现为精神萎靡、食欲减退,然后体温升高到 40℃以上,同时舌面水疱已形成,少量流涎或不流涎,这是采集病料的最佳时间。当体温下降、大量流涎时,则水疱已破烂,就找不到合格的水疱皮了。牛的水疱主要发生在舌面,舌面水疱形成之后 2 天左右,蹄冠、蹄间及乳房可出现二期水疱。猪水疱主要发生在蹄冠、蹄叉,有时也发生在鼻盘上。骆驼主要发生在软口盖、舌面,二期水疱在蹄趾间及蹄底边缘。尽可能采集牛、骆驼舌面和猪鼻盘上未破溃的水疱皮,若舌面水疱已破烂,可采集蹄叉、蹄冠和蹄踵部的二期水疱皮 10 克以上(陈旧、腐败变质者不能用)。用生理盐水或 pH 值 7.6 的磷酸缓冲液洗净后,放入 pH 值 7.6 的磷酸缓冲甘油中,低温保存。

2. 水疱液采集 用已消毒的注射器吸取牛舌面未破溃的水疱液和猪鼻盘或蹄叉、蹄冠部水疱液,装在灭菌瓶内,并加青霉素 1 000U/ml,链霉素 1 000μg/ml,不加保存液,冷藏待检。

3. 食管咽部分泌物(O/P 液)的刮取 当牛患口蹄疫痊愈后月余或数月至数年,无法采集到病料时,可用特制的食管探杯,从牛咽部刮取分泌物 5ml,放入盛有 5ml 乳白稀释液(pH 值 7.6)的瓶中,以降低材料的 pH 值,保护病毒不被破坏,充分摇匀后,于−60℃或液氮立即冻存备用。

4. 病畜屠宰品的采集 将病畜宰杀后采集肌肉、心脏、肝、脾、肺、肾、淋巴结、脊髓、血液和粪便等。其中血液样品加抗凝剂,4 000r/min 离心 20 分钟,除去血细胞,其上清液置−20℃冰箱中备用,其余各器官组织样品加 pH 值 7.6 的磷酸缓冲甘油保存液,低温保存。

5. 康复动物血清采集 当发生口蹄疫后水疱皮已破裂结痂,无法采集到合适的水疱液或水疱皮时,可采集发病动物的血清,进行口蹄疫抗体检测。但应注意血清必须采自口蹄疫的康复动物,至少也应是发病7天以上的。要求同时采集数头,分别装瓶,每头份量为2～5ml,采血与分离血清过程应尽可能无菌操作,血清分离后应马上置－20℃冻存。

(二)病料的运输与送检

1. 填写送检单 对采取的病料应登记于送检单上,注明病料名称、采取时间、数量、送检目的等事项。送检单或样品附带资料的详细内容应包括:送检单位、邮政编码、电话、传真、送检人姓名、地址、电话、联系方式或方法等,采样的动物种类、采样时间、地点、数量、样品处理和保存方法、保存液名称,送检目的、要求;畜主姓名、地址、邮编、电话,牧场里动物种类、每种动物的数量,发现第一个病例的日期、后来病例发生的日期,以及所造成的损失,介绍疫病在畜群中传播情况;有临诊症状动物的头数、死亡头数及年龄,临诊症状、症状持续期;饲养类型和标准,受威胁的动物及数量,口蹄疫疫苗免疫情况、免疫程序,给动物用药情况等。

2. 包装与运送 将冷藏的病料按送检单的数目仔细包装后,放入加冰的冰瓶内密封。样品附带送检单应派专人送至或航寄到政府指定的检验机构。

3. 病料送达后的处置 病料送达检验机构后,应立即取出,置于低温冷藏,待检。

4. 所需溶液的配制

(1)pH 值 7.6 的 0.05mol/L PB 液 甲液:$Na_2HPO_4 \cdot 12H_2O$ 17.9g,加无离子水至 1 000ml。乙液:$NaH_2PO_4 \cdot 2H_2O$ 7.8g,加无离子水至 1 000ml。取甲液 870ml,乙液 130ml 混合,即为 pH 值 7.6 的 0.05mol/L PB 液。

(2)pH 值 7.6 的磷酸缓冲甘油 取甘油 1 份,与等量的 pH 值 7.6 的 0.05mol/L PB 液混合,在 103.422 千帕(15 磅)

10 分钟高压灭菌。

二、样品处理

水疱液和血液样品一般不需处理,可直接作病毒分离或诊断用。水疱皮及病畜各组织器官样品先用生理盐水或 pH 值 7.6 的磷酸缓冲液清洗,剪碎研磨后用 pH 值 7.6 的磷酸缓冲液制成 1:10 悬液,加粉剂青霉素 1 000U/ml,链霉素 1 000μg/ml,于 18℃~23℃室温下,放置 1~2 小时,或于 4℃ 冰箱放置 12 小时过夜,以 3 000r/min 离心 20 分钟,收集上清液。

所得上清液可用于:①接种实验动物,进行口蹄疫病毒的分离。②接种组织培养细胞,进行口蹄疫病毒的分离。若接种组织培养细胞时,也可将悬液冻融 2 次,以 10 000~20 000r/min 离心 30 分钟,除菌后取上清液接种细胞或加 1/3 体积氯仿混合振摇 30 分钟,3 000r/min 离心 15 分钟,取上清液,分装在有棉塞的试管中,置 4℃冰箱中过夜,氯仿挥发后,接种组织培养细胞。食管咽部刮取物是病毒抗体复合物,需要加入 1/4 体积的三氯三氟乙烷(TTE)混合,以 1 0000r/min 高速分散器搅拌 1~2 分钟,做成乳状液,3 000r/min 离心 10 分钟,收集上清液装入灭菌瓶中,置-60℃冰箱保存,可直接接种细胞。③将上清液直接作为待检样品进行抗原鉴定诊断。

三、病原分离

(一)用实验动物分离口蹄疫病毒

用小鼠和豚鼠分离口蹄疫病毒是常用方法之一,还可用鸡胚进行口蹄疫病毒的分离。

1. 乳鼠 初生 3～4 日龄乳鼠,对口蹄疫病毒非常敏感,在颈背部皮下接种处理好的含病毒样品 0.2ml,接种后 15 小时左右开始出现口蹄疫症状,首先表现出后腿运动障碍、麻痹,头部不能抬起,继而呼吸紧张,心肌麻痹死亡。剖检时,在心肌和后腿肌可见白斑病变,膀胱积尿。乳鼠濒死或刚死时解剖,取胴体和心肌,置保存液中于 -20℃ 冻存或作为待检材料进行病毒鉴定。

2. 豚鼠 豚鼠对口蹄疫病毒的敏感性仅次于乳鼠,和乳鼠一样,人工接种,十万至百万分之一的病毒液可使其发病。选 500g 以上体重的健康豚鼠,将处理好的被检材料取 0.4ml 接种于豚鼠后肢跖部,皮内纵横穿刺 0.2ml,皮下 0.2ml,接种后 48～72 小时于接种趾皮处开始形成水疱。待水疱成熟后,采取水疱皮,加入保存液于 -20℃ 以下保存或采取水疱液及将水疱皮研磨制成待检材料用于病毒的鉴定。

3. 鸡胚 用鸡胚分离口蹄疫病毒时,选择孵育 11 天、发育正常的鸡胚,作分离病毒用。鸡胚对口蹄疫病毒的敏感性没有小鼠、豚鼠高。在气室上方去掉 $(0.3～0.5)cm \times (0.3～0.5)cm$ 蛋壳,揭去壳膜,露出绒毛尿囊膜,将处理好的病料接种 0.25～0.3ml 于绒毛尿囊膜上,用盖玻片和石蜡封口,置 35.5℃ 温箱孵化 70～72 小时,72 小时以前死亡的鸡胚不用,取 72 小时后死亡鸡胚作待检材料,用于口蹄疫病毒的鉴定。病毒增殖好的鸡胚,首先见绒毛尿囊膜显著增厚,呈灰白色,胚体皮肤充血,打开内脏,能观察到心肌和肌胃有黄色斑点,肝脏充血,胸腔内有许多黄色液体。

(二)用原代和传代细胞分离口蹄疫病毒

1. 原代细胞培养 用无菌操作取乳金黄仓鼠肾、犊牛肾、犊牛甲状腺、仔猪肾的皮质剪成 1mm³ 小块,用汉克氏

(Hank's)液洗 3～4 次,洗去血细胞,预加热至 32℃的 0.25%的胰蛋白酶(Trypsin)搅拌数分钟,吹打使之分散,或加组织 4 倍的 0.25%胰蛋白酶,置普通冰箱中消化 20 小时左右,组织块散开后,用电磁搅拌数分钟,吹打分散细胞。用消毒纱布滤过,用汉克氏液重悬洗涤,离心 1 000r/min 10 分钟,将胰蛋白酶洗净后,去上清液,再用含 10%犊牛血清的 pH 值 7～7.2 水解胰蛋白液重悬细胞(50 万个左右/ml)置 37℃培养。细胞很快沉降,贴在瓶壁上,24 小时以内开始分裂,形成细胞岛。活细胞透明,呈梭形,核椭圆,细胞质内无颗粒。72 小时左右形成致密的单层细胞,细胞透明,呈菊花瓣样,界限清楚,可以形成复层。细胞衰老后,胞浆中颗粒增多,脱落。培养 3～5 天时,培养液变黄,换 1 次营养液,可维持 10 天以上。

2. 传代细胞培养 对口蹄疫病毒敏感的传代细胞常用的有 BEIH(犊牛甲状腺传代细胞系)、IB-RS-2(仔猪肾传代细胞系)、BHK-21(乳仓鼠肾传代细胞系)。

细胞传代时选用生长良好,形态正常的细胞瓶,在无菌条件下,倾去培养液,加入细胞分散液(0.05%胰蛋白酶,0.02%乙二胺四乙酸二钠,即 EDTA),将细胞覆盖数分钟,细胞层出现花纹,此时将细胞瓶翻转片刻,即可倾去消化液,将细胞吹打分散后,移至营养液中混合均匀。1 瓶种子细胞可新分 4 瓶细胞。细胞摇匀后,置 36℃培养,48 小时左右长成细胞单层。营养液配方:犊牛血清 10%,Eagle-MEM 44%,0.5% Earle 乳白液 44%,3%L-谷氨酰胺 1%,10 000U/ml 青霉素与10 000μg/ml 链霉素 1%,用 7.5%碳酸氢钠调节 pH 值为 7.2。

(三)用原代和传代细胞分离口蹄疫病毒程序

1. 接种 选择形态正常,形成单层的细胞 4～6 瓶,其中

2瓶作空白对照,倾去旧的营养液,用pH值7.6的汉克氏液洗细胞表面1次,然后接种病毒材料1～2ml/瓶。

2. 培养 静置于37℃恒温箱内吸附60～90分钟,其间轻摇2～3次,使病毒与整个细胞面充分接触。添加pH值7.6的病毒维持液(不含血清的乳白液)4～9ml,以覆盖细胞层为度。置37℃恒温箱内继续培养,每隔12或24小时镜检1次,观察细胞病变产生情况。

3. 菌检 当75%的细胞出现病变时取出细胞瓶,置－20℃低温内冻结24小时,融化后经琼脂斜面、厌气肝汤、普通肉汤培养基菌检,确认无菌,可作为传代的病毒材料。也可作为待检材料。

4. 收获 若无细胞病变,应在接种后的48～72小时收获,进行盲目传代。

四、病原鉴定

确诊为口蹄疫后,必须进一步进行口蹄疫病毒的鉴定,以确定病毒型及其亚型。因为选用疫苗及抗血清进行预防和控制取决于致病口蹄疫病毒的毒型。目前我国用于口蹄疫病毒型别鉴定常用的方法有反向间接血凝试验、补体结合试验、乳鼠病毒中和试验、酶联免疫吸附试验。现将各种方法的详细操作规程和判定标准介绍如下:

(一)反向间接血凝试验

可溶性的抗原和它相应的抗体相遇,在一定的条件下形成抗原抗体复合物。复合物的分子团仍然很小,一般肉眼看不见。将抗体或抗原吸附到比其体积大千万倍的红细胞表面,再与相应抗原或抗体结合,红细胞出现凝集现象,不仅肉眼能看见,而且反应的敏感性大大提高。用抗原致敏的红细胞,能与它的特异抗体产生凝集反应,称为间接血凝试验(IHA)或被动血凝试验(PHA)。用抗体致敏的红细胞,能与相应抗原发生凝集反应,称为反向间接血凝试验(RIHA)或反向被动血凝试验(RPHA)。

检测口蹄疫的反向间接血凝试验,是用提纯的免疫球蛋白 IgG 致敏到经戊二醛、甲醛固定的绵羊红细胞上。用此种方法得到的 A 型,O 型,C 型、亚洲 I 型红细胞诊断液,用以检测口蹄疫病毒抗原。此种方法快速、简便、灵敏度高,特异性好。是近 20 年来用于口蹄疫病毒血清型鉴定的主要方法。口蹄疫反向间接血凝试验操作程序如下:

1. 待检抗原制备 采自发病期的牛舌面水疱皮、猪蹄部和鼻盘水疱皮以及乳鼠、豚鼠趾皮等材料。用 pH 值 7.2 的 0.11mol/L PB(或生理盐水)洗 2～3 次,并用消毒滤纸吸去水分。称量,加少许玻璃砂研磨,用 pH 值 7.2 的 0.11mol/L PB 液制成 1:3 悬液,加双抗(青霉素 1 000U/ml,链霉素 1 000μg/ml) 室温浸毒 1 小时或 4℃ 冰箱中过夜。3 000～4 000r/min 离心 20 分钟,收集上清液。水疱液及细胞毒样品直接离心,收集上清液。58℃ 水浴箱中灭能 40 分钟(在保证安全的条件下可以不灭能)。3 000～4 000r/min 离心 20 分钟,收集上清液即为待检抗原,置 4℃ 冰箱中备用。

2. 反应 反应在 130°V 型有机玻璃微型板上进行。

(1)待检抗原的稀释 试管架上摆上 1 排试管 8 只,自第一管开始由左至右将待检病毒抗原用稀释液进行倍比系列稀释(即 1:6,1:12,1:24……1:768),每管 0.5ml 即可。

(2)滴加待检抗原 取有机玻璃微型板,在第一至四排每排的第八孔滴加第八管稀释抗原 50μl,每排的第七孔滴加第七管稀释抗原 50μl,以此类推至第一孔。每排的第九孔滴加稀释液 50μl,作为阴性对照,每排的第十孔按由上至下的顺序分别滴加 A 型,O 型,C 型和亚洲 I 型标准抗原(1：30 稀释)各 50μl,作为阳性对照(注意每型换移液器嘴 1 只)。

(3)滴加红细胞诊断液　用前将红细胞诊断液摇匀,于微型板第一至四排孔分别滴加 A 型,O 型,C 型、亚洲 I 型红细胞诊断液 25μl。轻轻振摇微型板,使红细胞均匀分布。室温放置 1.5~2 小时后判定结果。

3. 结果判定

(1)判定标准　按以下标准判定红细胞凝集程度:

＋＋＋＋　红细胞完全凝集,形成薄层,布满整个孔底,因而孔底见不到黑色红细胞沉积。呈强凝集时,凝集皱缩成团。

＋＋＋　红细胞 75% 凝集,形成薄层,但面积较上者小,孔底中央有针尖大、颜色不深的红细胞沉积团。

＋＋　红细胞 50% 凝集,面积较小,边缘较松散。＋＋号以上的凝集为阳性反应。

＋　红细胞 25% 凝集,红细胞在孔底中央沉积面积较大,周围散在少量凝集。

－　红细胞不凝集,红细胞全部沉于孔底,成为 1 个小黑圆点,周边光滑。

(2)观察微型板上各排孔的凝集图形　假如只有第一排孔凝集,且阴性对照孔不凝集(阴性),阳性对照孔凝集(阳性),其余 3 排孔不凝集,则证明此种凝集是与 A 型红细胞诊断液同型病毒抗原所致的特异性凝集,待检抗原即判为 A 型,若只第二排孔凝集,其余 3 排孔不凝集,则待检抗原判为 O 型,以此类推。

(3)凝集效价　致红细胞凝集(凝集图形为＋＋以上者)

的抗原最高稀释度为其凝集效价。某排孔的凝集效价高于其余排孔的凝集效价 2 个对数(以 2 为底)滴度以上者即可判为阳性。

4. 红细胞诊断液的保存及活力检查

(1)保存 于 4℃冰箱中保存,不能置低温中冻存。红细胞诊断液一般可保存 5 个月左右,每 1～2 个月应检查活力 1次,当活力低于 1∶60 时停止使用。

(2)活力检查 标准抗原作 1∶10 稀释(实际浓度为 1∶30),然后进行倍比系列稀释(实际浓度即为 1∶60,1∶120……1∶3840)。稀释的标准抗原依次滴加于微型板上,然后滴加红细胞诊断液,测定其活力。

附:所需溶液配制

①pH 值 7.2 的 0.11mol/L PB 液

甲液:$Na_2HPO_4 \cdot 12H_2O$(A.R)39.4g,加无离子水至 1 000ml。

乙液:$NaH_2PO_4 \cdot 2H_2O$(A.R)17.2g,加无离子水至 1 000ml。

取甲液 720ml,乙液 280ml,混合即为 pH 值 7.2 的 0.11mol/L PB液。

②稀释液 聚乙二醇(M.W.12 000)0.5g,兔血清(62℃灭能 30 分钟)10ml,叠氮钠 1g,加 pH 值 7.2 的 0.11mol/L PB 液至 1 000ml。

(二)补体结合试验

1. 补体结合试验鉴定口蹄疫病毒血清型原理 补体结合试验(CFT)包括两个抗原-抗体系统,即病毒特异性抗原-抗体系统(反应系统)、红细胞-溶血素系统(指示系统或溶血系统),这两个系统分别发生反应形成复合物均能结合补体。溶血素在补体存在的条件下能使红细胞溶解,故以红细胞的溶血现象作为指示,判断待检抗原与抗血清是否发生特异性反应。当病毒抗原与抗血清发生特异性反应形成复合物,加入的定量补体就被结合,溶血系统因无游离补体存在,故不发生溶血,试验结果显示阳性。相反,被检抗原和抗血清不发生反应,补体游离则与溶血系统结合而出现溶血,结果为阴性。现在,我国一般用常量补体结合试验鉴定口蹄疫病毒型,用微量补体结合试验(MCFT)鉴定亚型。

口蹄疫的补体结合试验是用已知抗体(各型高免血清)鉴定被检抗原的毒型。补体结合试验鉴定口蹄疫病毒血清型判定如下例所示:

被检抗原、抗体(O 血清)+补体+红细胞、溶血素　不溶血(阳性)

被检抗原、抗体(A 血清)+补体+红细胞、溶血素　溶血(阴性)

被检抗原、抗体(C 血清)+补体+红细胞、溶血素　溶血(阴性)

被检抗原、抗体(Asia I 血清)+补体+红细胞、溶血素　溶血(阴性)

判定结果表示被检病料为 O 型口蹄疫病毒抗原。

2. 补体结合反应五要素及稀释液

(1)溶血素　一般可向生物药品厂购买,亦可用兔连续注射洗涤后的 50%绵羊红细胞制备。

(2)红细胞　2%健康公绵羊红细胞悬液。

(3)补体　新鲜健康公豚鼠血清(经冻干保存的亦可)。

(4)抗体　口蹄疫 O 型,A 型,C 型,Asia I 型高免豚鼠血清(补反效价 1∶200 以上)。

(5)被检抗原　采自发病期水疱皮(水疱液亦可)。牛为舌面水疱皮,猪为蹄叉、蹄冠和鼻盘水疱皮。将水疱皮用生理盐水洗净、吸干水分、称重、剪碎,加玻璃砂研磨,用生理盐水制成 1∶2～4 悬液(每 ml 悬液加入青霉素 1000U,链霉素

1 000μg),室温浸毒 1～2 小时(每隔 30 分钟振摇 1 次),或 4℃冰箱内浸毒 1 昼夜,振摇后以 2 000r/min 离心 10 分钟,取上清液于 58℃灭活 40 分钟,再次离心所获得的上清液即为被检抗原。

(6)稀释液　生理盐水或含钙、镁生理盐水。

3.预备试验

(1)溶血素效价测定　溶血素效价测定按一般常规程序进行,溶血素的工作剂量为所测定效价的 4 倍,如测定溶血素的效价为 1：4 000(如表 5-2 所示),则工作剂量应使用 1：1 000。操作见表 5-2。

表 5-2　溶血素效价测定　(单位:ml)

溶血素稀释度	1：100	1：1000	1：2000	1：3000	1：4000	1：6000	1：8000
溶血素	0.5	0.5	0.5	0.5	0.5	0.5	0.5
1：20 补体	0.5	0.5	0.5	0.5	0.5	0.5	0.5
2%红细胞	0.5	0.5	0.5	0.5	0.5	0.5	0.5
充分混匀,37℃～38℃水浴 15 分钟							
判定结果	溶血	溶血	溶血	溶血	溶血	不溶	不溶

(2)补体的滴定　先将原补体作 1：20(即 5%)稀释分别取 0.05ml,0.1ml,0.15ml,0.2ml,0.25ml,0.3ml,0.35ml 7 个剂量,依次加入到 1,2,3,4,5,6,7 个试管中,每管补加生理盐水至 0.5ml(即第一管加 0.45ml,第二管加 0.4ml,以下类推),然后在每个试管中加入溶血系统 1ml(或称为致敏的红细胞悬液,即工作剂量溶血素与 2%绵羊红细胞等量混合后置室温 30 分钟),振摇均匀后,于 37℃～38℃水浴 15 分钟,

取出判定补体效价。补体效价是能达到完全溶血的最小补体剂量,如补体滴定表(见表5-3)内的第四管发生完全溶血,则该管的补体剂量(0.2ml)为所确定的补体效价,补体的最小工作剂量是补体效价管向后移2管(即第六管)补体量为0.3ml(习惯上叫二单位补体)。在正式试验时要用4个单位补体(即二、三、四和五单位),而三、四、五单位补体的含量是在二单位含量的基础上,再依次增添0.05,即三单位是0.35,四单位是0.4,五单位0.45。操作见表5-3。

表5-3　补体滴定　(单位:ml)

管　号	1	2	3	4	5	6	7
1:20补体	0.05	0.10	0.15	0.20	0.25	0.30	0.35
生理盐水	0.45	0.40	0.35	0.30	0.25	0.20	0.15
溶血系统	1.0	1.0	1.0	1.0	1.0	1.0	1.0
充分混匀,37℃～38℃水浴15分钟							
结　果	不溶	不溶	部分溶解	全溶	全溶	全溶	全溶

(3)补体工作剂量计算方法　计算公式:某单位工作量所需补体量(ml)×某单位含补体的剂量/0.5＝应取1:20补体(ml),再加盐水至所需补体量。

例如:补体滴定度为0.2,即二、三、四、五单位工作量补体含量分别是0.3,0.35,0.4,0.45。若4个单位补体均要3ml,则按下面计算:

二单位:3ml×0.3/0.5＝1.8ml(1:20补体),再加盐水至3ml。

三单位:3ml×0.35/0.5＝2.1ml(1:20补体),再加盐水

至 3ml。

四单位:3ml×0.4/0.5＝2.4ml(1∶20 补体),再加盐水
至 3ml。

五单位:3ml×0.45/0.5＝2.7ml(1∶20 补体),再加盐水
至 3ml。

4. 毒型鉴定试验(正式试验) 预备试验结束后立即进行
正式试验,可按照表 5-4、表 5-5 操作程序将试管放于试管架
上,并按顺序及加样量加入各反应要素。

(1)加被检抗原 将被检抗原加入:①鉴定试验(表 5-4)
的 O 型,A 型,C 型,Asia I 型各列的 1～4 管。②对照试验
(表 5-5)的第五至六管中。共 18 管,每管均为 0.2ml。

(2)加标准免疫血清(已知血清) ①在鉴定试验的 O 列
的 1～4 管中加入 1∶5 的 O 型免疫血清,每管 0.2ml;在 A
列的 1～4 管中加入 1∶5 的 A 型免疫血清,每管 0.2ml;在 C
列的 1～4 管中加入 1∶5 的 C 型免疫血清,每管 0.2ml;在
Asia I 列的 1～4 管中加入 1∶5 的 Asia I 型免疫血清,每管
0.2ml。②在对照试验的第一、二、三、四管中,分别加入 1∶5
的 O 型,A 型,C 型,Asia I 型免疫血清,每管 0.2ml。

(3)对照试验管补盐水 在对照试验第一至五各管中加
盐水 0.2ml,第六管补盐水 0.4ml。

(4)加工作量补体 ①在鉴定试验的 O 型,A 型,C 型,
Asia I 型各列的 1,2,3,4 管中分别加二、三、四、五单位补体
0.2ml。②在对照试验的第一至四管中各加二单位补体
0.2ml,在第五管中加三单位补体 0.2ml。

以上要素添加完后充分振摇,混均匀后放 37℃～38℃水
浴 20 分钟,取出试管架,加入溶血系统(致敏红细胞悬液),每
管 0.4ml。加完后振摇均匀,再放入 37℃～38℃水浴 30 分钟。

表 5-4　鉴定试验　(单位：ml)

血清型	O				A				C				Asia I			
管　号	1	2	3	4	1	2	3	4	1	2	3	4	1	2	3	4
被检抗原	0.2	0.2	0.2	0.2	0.2	0.2	0.2	0.2	0.2	0.2	0.2	0.2	0.2	0.2	0.2	0.2
已知血清	0.2	0.2	0.2	0.2	0.2	0.2	0.2	0.2	0.2	0.2	0.2	0.2	0.2	0.2	0.2	0.2
补体单位	2	3	4	5	2	3	4	5	2	3	4	5	2	3	4	5
补体量	0.2	0.2	0.2	0.2	0.2	0.2	0.2	0.2	0.2	0.2	0.2	0.2	0.2	0.2	0.2	0.2
	充分混匀,37℃~38℃水浴 20 分钟															
溶血系统	0.4	0.4	0.4	0.4	0.4	0.4	0.4	0.4	0.4	0.4	0.4	0.4	0.4	0.4	0.4	0.4
	充分混匀,37℃~38℃水浴 30 分钟															
结　果	—	—	—	—	#	#	#	—	—	—	—	—	—	—	—	—

表 5-5　对照试验　（单位：ml）

管　号	1	2	3	4	5	6
对照样品	O	A	C	Asia I	抗　原	生理盐水
已知血清	0.2	0.2	0.2	0.2	—	—
被检抗原	—	—	—	—	0.2	0.2
补体单位	2	2	2	2	3	
补体量	0.2	0.2	0.2	0.2	0.2	
生理盐水	0.2	0.2	0.2	0.2	0.2	0.4
	充分混匀，37℃～38℃水浴 20 分钟					
溶血系统	0.4	0.4	0.4	0.4	0.4	0.4
	充分混匀，37℃～38℃水浴 20 分钟					
结　果	—	—	—	—	—	＃

（5）判定结果　37℃～38℃水浴感作 30 分钟，初步判定结果，静置 6～12 小时后判定最终结果。根据盐水对照管（即对照试验的第六管）沉积的红细胞量，判定其他各管的溶血程度。符号"—"为完全溶血，"＃"是完全不溶血，其他符号"＋"，"＋＋"，"＋＋＋"分别代表 25％，50％，75％不溶血，或者说 75％，50％，25％溶血。①对照试验的所有对照管应符合要求，即各型血清（对照试验的第一至四管）、抗原对照（对照试验的第五管）应完全溶血，盐水对照（对照试验的第六管）应完全不溶血。②在鉴定试验的试验管中，若各型血清管都完全溶血（完全溶血的管记"—"），或仅第一管记"＋"的结果为阴

性;三单位补体以上的管记"＋＋＋"者,结果为阳性;仅第一管记"＋＋＋＋"的为可疑,须重复试验。表 5-4 所示结果为 A型。

(三)乳鼠病毒中和试验

中和试验(NT)是病毒与特异性血清中和抗体相互作用,从而使病毒对易感动物和敏感细胞失去感染的能力。根据动物发病死亡或细胞产生病变的情况判定结果。中和试验以测定病毒感染力为基础,一定量的病毒只能被相应的具有一定效价的抗体所中和,故既可检测血清中的抗体,也可检查待检材料中的病毒,并鉴定出病毒型。中和试验一般在实验动物体内(如乳鼠)或细胞和鸡胚上进行,常用固定血清稀释病毒和固定病毒稀释血清两种方法。中和试验广泛应用于口蹄疫病毒的鉴定与分型以及免疫动物血清中和抗体水平的测定。

乳鼠病毒中和试验是一种用已知血清检测未知病毒的试验。具体操作方法如下:

1. 待检病毒的制备 将水疱皮用生理盐水洗净,吸干水分,称重,在无菌研钵内充分剪碎,加玻璃砂少许研磨,用 pH值 7.6 的 0.05mol/L PB 液制成 1∶5 悬液,常温浸毒 2 小时或 4℃过夜,以 2 000r/min 离心 10 分钟,上清液即为待检病毒。然后与标准血清或已知的口蹄疫抗血清进行中和。

2. 标准血清 口蹄疫 O 型,A 型,C 型,Asia I 型豚鼠高免血清,用 pH 值 7.6 的 0.05mol/L PB 液稀释成 1∶5。

3. 病毒与血清中和 将待检病毒 1∶5 稀释,分别与 O型,A 型,C 型,Asia I 型标准血清或已知的口蹄疫抗血清 1∶5 稀释液等量混合,37℃温育 40～60 分钟。

4. 接种动物 选 3～5 日龄小白鼠,按表 5-6 分组接种。

表 5-6 乳鼠病毒中和试验

组别	血清型别	待检病毒＋标准血清接种乳鼠数 （试验组）	1∶5标准血清接种乳鼠数 （血清对照）
1	O	4	2
2	A	4	2
3	C	4	2
4	Asia I	4	2
5	其他对照	待检病毒＋PB液(等量)接种乳鼠2只,PB液接种乳鼠2只,健康对照乳鼠2只	

每组乳鼠装入 1 个鼠罐,每罐由 1 只母鼠哺乳,每组使用 1 支注射器,每只乳鼠接种剂量均为 0.1ml,颈背皮下注射。

5. 观察与判定 每次试验应观察 5～7 天,每天记录 2 次。先检查对照乳鼠,病毒对照乳鼠应发病死亡,健康对照、血清对照和 pH 值 7.6 的 0.05mol/L PB 液对照乳鼠应健活。若试验组待检病毒所接种之第一组乳鼠在观察期内全部健活,而第二、三、四组乳鼠均发病死亡,则可判定待检材料为 O 型口蹄疫。

乳鼠中和试验主要用于检查病料中有无口蹄疫病毒而作为常规定型方法之一。该法操作简便,结果可靠,缺点是观察期长。

(四)酶联免疫吸附试验

酶联免疫吸附试验(ELISA)是一种灵敏度高、特异性好的试验方法。双抗体夹心法即首先在固相载体上贴 1 层提纯的抗口蹄疫病毒抗体,中间 1 层为待检的病毒抗原,第三层为酶标记的免疫球蛋白 IgG,反应后经底物溶液显色,中止反应

后,根据其颜色用肉眼或测定其光密度值后确定待检抗原隶属于哪一个血清型。其操作程序如下:

1. 被检抗原的制备 患畜的水疱皮、牛舌皮等病料用生理盐水或 pH 值 7.6 的 0.05mol/L PB 液清洗后称重,用中性玻璃砂或石英砂研磨,用 pH 值 7.6 的 0.05mol/L PB 液制成 1∶6 的悬液,加青霉素 1 000U/ml,链霉素 1 000μg/ml,4℃浸毒过夜。离心,3 000r/min 30 分钟。含病毒的上清液 58℃40 分钟灭能,再次离心,3 000r/min 30 分钟,上清液即为待检病毒抗原。

2. 反 应

(1)操作 应在聚苯乙烯板上进行。

(2)待检抗原的稀释 试管架上摆上 1 排试管 8 只,自第一管开始由左至右用含 0.05%吐温-20 的 PBS(以下简称 PBS-T 液),将待检抗原倍比系列稀释(1∶12,1∶24,1∶48……1∶1536),每管 1ml。

(3)检测操作

①抗体的包被 于聚苯乙烯板第一排每孔滴加 50μl 用 pH 值 9.6 的 0.1mol/L 碳酸钠/碳酸氢钠缓冲液,稀释的浓度为 25μg/ml 的 A 型免疫球蛋白 IgG,共 10 孔;于该板的第二排每孔滴加 50μl 用 pH 值 9.6 的 0.1mol/L 碳酸钠/碳酸氢钠缓冲液,稀释的浓度为 25μg/ml 的 O 型免疫球蛋白 IgG,共 10 孔;于该板的第三排每孔滴加 50μl 用 pH 值 9.6 的 0.1mol/L 碳酸钠/碳酸氢钠缓冲液,稀释的浓度为 25μg/ml 的 C 型免疫球蛋白 IgG,共 10 孔;于该板的第四排每孔滴加 50μl 用 pH 值 9.6 的 0.1mol/L 碳酸钠/碳酸氢钠缓冲液,稀释的浓度为 25μg/ml 的 Asia I 型免疫球蛋白 IgG,共 10 孔。聚苯乙烯板放置于 37℃保温箱振荡器上孵育 1 小时,将

聚苯乙烯板取出甩去 IgG，用 PBS-T 洗涤 4 次，时间间隔为 5 分钟（以下简称洗涤 4×5）。

②加入保温液　每孔加入 50μl 的含 0.05% 吐温-20,1% 牛血清白蛋白的 PBS 液（以下简称 PBS-TA 液），37℃保温箱振荡器上孵育 2 小时，甩干。

③滴加待检抗原　于聚苯乙烯板的 1,2,3,4 排第八孔滴加 1∶1 536 倍稀释的待检抗原 50μl，第七孔滴加 1∶768 倍稀释的待检抗原 50μl，第六孔滴加 1∶384 倍稀释的待检抗原 50μl，……第一孔滴加 1∶12 倍稀释的待检抗原 50μl。每排的第九孔为阳性对照孔，滴加 1∶30 的标准抗原 50μl，第一排为 A 型，第二排为 O 型，第三排为 C 型，第四排为 Asia I 型。每排的第十孔为阴性对照孔，滴加 PBS-TA 液 50μl。置 37℃保温箱振荡器上孵育 1 小时，甩干，用 PBS-T 液洗涤 4×5。

④滴加酶标记的免疫球蛋白 IgG　A 型，O 型，C 型，Asia I 型酶结合物工作浓度 OD 值为 1。4 个型的酶结合物均用 PBS-TA 液稀释为 OD 值为 1 的工作浓度。于第一排每孔滴加 50μl 的 A 型酶结合物，第二排每孔滴加 50μl 的 O 型酶结合物，第三排每孔滴加 50μl 的 C 型酶结合物，第四排每孔滴加 50μl 的 Asia I 型酶结合物。置 37℃保温箱振荡器上孵育 1 小时后，甩干，用 PBS-T 液洗涤 4×5。

⑤显色　每孔加底物溶液（含邻苯二胺、H_2O_2）50μl，孵育 30 分钟后用 2mol/L H_2SO_4 中止反应。

⑥结果判定　用肉眼判定时，观察待检抗原与某种酶结合物反应的颜色深，则待检抗原就属于某种血清型，颜色深于阴性对照孔的稀释度就是该抗原的滴度。如第二排的颜色深就是 O 型。也可用酶标仪进行测定（波长 492nm）各孔的光密度值，高于阴性对照孔 1.5 倍者为阳性。

附：所需溶液的配制

①pH 值 7.4 磷酸缓冲盐液(pH 值 7.4 PBS)：

KH_2PO_4	0.2g
$Na_2HPO_4 \cdot 12H_2O$	2.9g
NaCl	8g
KCl	0.2g

加无离子水至 1 000ml。

②pH 值 7.4 PBS-T 液：

吐温-20	0.5ml

加 pH 值 7.4 PBS 至 1 000ml。

③pH 值 7.4 的 PBS-TA 液：牛血清白蛋白(BSA)1g,加 pH 值 7.4 的 PBS-T 液 1 000ml。

④邻苯二胺显色液：

a. pH 值 5 磷酸盐-柠檬酸缓冲液

　甲液：0.1mol/L 柠檬酸液　取柠檬酸 19.2g,加水溶至 1 000ml。

　乙液：0.2mol/L 磷酸氢二钠液　取 Na_2HPO_4 28.4g 或者 $Na_2HPO_4 \cdot 12H_2O$ 71.7g,加水溶至 1 000ml。取甲液 24.3ml,乙液 25.7ml,混合而成。

b. 30% H_2O_2。

c. 取邻苯二胺 40mg,加上述缓冲液至 100ml,临用前加 30%H_2O_2 0.15ml。

⑤2mol/L 硫酸液：用量筒量 98%浓硫酸 109ml,加入水中,最后至 1 000ml。

五、血清抗体的检测

在实践中,由于口蹄疫流行时出现水疱过程的时间较短,往往错过采集样品的最佳时间而采不到水疱皮,此时可采取康复期或愈后初期的动物血清进行抗体检查,进行回顾性诊断。常用的血清抗体检测方法有：①口蹄疫猪水疱病精制抗原琼脂扩散(沉淀)试验。②口蹄疫病毒感染相关抗原(VIA)琼脂免疫扩散试验。③血清中和试验。④正向间接血凝试验等方法。

(一)琼脂扩散试验

琼脂扩散试验(ADT)的原理是抗原、抗体在含有电解质的琼脂凝胶中,可以向四周扩散,当抗原、抗体相互扩散至一定距离相遇时,出现肉眼可见的沉淀线,即是抗原、抗体特异结合物。照此原理,口蹄疫建立了两种特异诊断方法,一是用琼脂扩散试验检测口蹄疫病毒特异性抗体,二是用 VIA 抗原检测口蹄疫群特异性抗体。

1. 精制乳鼠组织抗原琼脂扩散试验 用精制的乳鼠组织抗原检测口蹄疫各血清型病毒抗体的琼脂扩散试验,主要用于口蹄疫病毒抗体的型别鉴定。可用于诊断、进出口检疫、疫情监测和流行病学调查。其主要制剂口蹄疫各型精制抗原和标准血清由中国农业科学院兰州兽医研究所提供。试验方法如下:

(1)制板 1g 琼脂糖加入 99ml 琼脂胶缓冲液(AGB)溶液中,103.422 千帕(15 磅)10 分钟高压溶解,吸取 8ml 浇入直径为 6cm 的平皿内。凝胶层厚 3mm。室温冷却后,置 4℃中过夜。

将凝胶按图 5-1 打孔,孔径 3mm,孔距 3mm,用烧热的大头针沿孔底周围划 1 圈,溶化的琼脂可将底部封住,防止样品从孔底流失。

(2)待检血清样品处理

①供进口检疫用的血清处理方法 按常规方法采血和分离血清,56℃水浴灭能 30 分钟,加入 0.1%叠氮化钠防腐,置4℃冰箱中备用。

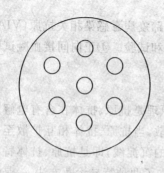

图5-1 琼脂扩散试验示意图

②供分型鉴定用的血清和标准阳性血清的处理方法 吸取经56℃灭能30分钟的待检血清0.4ml,加0.01mol/L pH值7.2磷酸缓冲盐液(PBS液)0.4ml。混匀,逐滴加入饱和硫酸铵液0.2ml,摇匀,室温静置20分钟,8 000r/min离心15分钟,吸取上清,再逐滴加入饱和硫酸铵液0.2ml,摇匀。室温静置20分钟,8 000r/min离心15分钟,沉淀物用PBS液悬浮为0.2～0.4ml。此悬浮液即可供琼脂扩散沉淀试验用。

(3)加样 取4块平皿(如图5-2),中央孔分别加A型,O型,C型,Asia I型精制抗原30μl,每个平皿的1,4孔相应地加入A型,O型,C型,Asia I型标准阳性血清30μl,作为阳性对照;每个平皿的第二、三、五、六孔分别加1号,2号,3号,4号被检血清30ul。室温放置2～3小时,待样品扩散入琼脂层后,加盖,置于潮湿的小室中,37℃中扩散。

(4)观察与结果判定 扩散24小时开始观察,观察时背景要暗,或用产生暗视野的观察箱观察。每个平皿的1,4孔与中央孔之间均应出现清晰沉淀线,每个平皿的2,3,5,6这4个样品孔与中央孔之间,若出现沉淀线,且与阳性血清孔沉淀线融合,则判为阳性,并与中央孔所加的抗原同型。若未出现沉淀线,则判为阴性。一般观察5～7天后做最终判定。

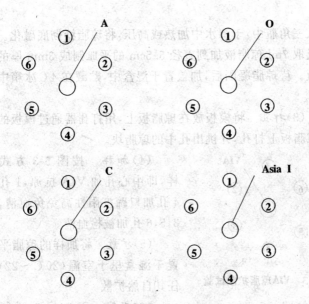

图5-2 琼脂扩散试验方法

附:AGB 液配制

甘氨酸 15g,巴比妥钠 0.52g,NaN_3 1g,加无离子水 200ml,用 0.2mol/L HCl 调节 pH 值至 7.9。

2. 口蹄疫病毒 VIA 抗原琼脂扩散试验 口蹄疫病毒感染相关抗原(VIA)琼脂免疫扩散试验,用于检测被检动物血清中是否含有口蹄疫病毒感染相关抗原(VIA)的抗体,以证实被检动物是否感染过口蹄疫病毒或注射过口蹄疫疫苗。适用于易感动物的检疫、疫情监测和流行病学调查。操作方法如下:

(1)血清灭能 被检血清和阳性血清均以 56℃灭能 30 分钟。

(2)琼脂糖平板的制备 取琼脂糖 1g,Tris-HCl 100ml,

装入三角瓶中,于沸水中加热或高压,将琼脂糖彻底融化。然后吸取 7ml 琼脂液加到直径 5.5cm 的平皿制成 3mm 厚的琼脂板。待琼脂凝固后,加盖置于湿盒中,贮藏在 4℃冰箱中备用。

(3)打孔　将模板放在琼脂板上,用打孔器通过模板的孔在琼脂板上打孔,并挑出孔中的琼脂块。

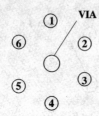

图5-3　VIA琼脂扩散试验

(4)加样　按图 5-3 方式加样,即中心孔加 VIA 抗原,1 孔和 4 孔加口蹄疫阳性高免兔血清,2,3,5,6 孔加被检血清。

(5)扩散　将加样的琼脂平皿置于湿盒里于室温(20℃～22℃)任其自然扩散。

(6)观察　于 24 小时进行第一次观察,72 小时作第二次观察,168 小时作最后观察。观察时可借助灯光或自然光源,特别是弱反应须借助于强烈光源才能看清沉淀线。

(7)结果判定　当 1,4 孔标准阳性血清与抗原中心孔之间形成沉淀线时,若被检血清孔与中心孔之间也出现沉淀线,并与阳性沉淀末端融合,则被检血清判为阳性。如被检血清孔与中心孔之间虽然不出现沉淀线,但阳性沉淀线末端向内弯向被检血清孔,则被检血清判为弱阳性。如被检血清孔与中心孔之间不出现沉淀线,且阳性沉淀线直向被检血清孔,则被检血清判为阴性。

　　附:Tris-HCl 缓冲液配制

　　Tris 2.42g,NaCl 3.8g,NaN$_3$ 0.2g,无离子水加至 1 000ml,用 HCl 调 pH 值至 7.6。

(二)乳鼠血清中和试验

这是一种用已知病毒鉴定未知血清的方法(原理见乳鼠病毒中和试验)。具体操作如下:

1.待检血清 采集病畜恢复期血清 3～5ml,最早不得少于发病后第七天。按每毫升血清加青霉素 1 000U,链霉素 1 000μg 抑菌,切勿加防腐剂或保存剂,常温下处理 1 小时,或于 4℃过夜。56℃灭活 30 分钟即可用于试验。

2.已知病毒 口蹄疫 O 型,A 型,C 型,Asia I 型 4 型标准鼠毒,测定各毒的 LD_{50} 后置—20℃保存备用。

3.血清与病毒中和 将待检血清稀释成 1：2～4,然后分别与用 pH 值 7.6 的 0.05mol/L PB 液(以下简称 PB 液)稀释的 O 型,A 型,C 型,Asia I 型 4 型标准毒(含有 $1\,000LD_{50}$)等量混合,37℃孵育 40～60 分钟。

4.接种动物 选 3～4 日龄健康小白鼠 30 只,按表 5-7 分组接种。

表 5-7　乳鼠血清中和试验

组别	病毒型别	待检血清＋病毒接种乳鼠数 (试验组)	PB 液＋病毒接种乳鼠数 (病毒对照)
1	O	4	2
2	A	4	2
3	C	4	2
4	Asia I	4	2
5	其他对照	待检血清＋PB 液接种乳鼠 2 只,PB 液接种乳鼠 2 只,健康对照乳鼠 2 只	

每组乳鼠装入 1 个鼠罐,每罐由 1 只母鼠哺乳,每组使用 1 支注射器,每只乳鼠接种剂量均为 0.1ml,颈背皮下注射。

5. 观察与判定 每次试验应观察 5～7 天,每天记录 2 次。先检查对照乳鼠,病毒对照乳鼠应发病死亡,血清对照和 pH 值 7.6 的 0.05mol/L PB 液对照乳鼠、健康对照应健活。若待检血清所接种之第一组(对照除外)乳鼠在观察期内全部健活,而第二、三、四组乳鼠均发病死亡,则可判定待检材料为 O 型口蹄疫。

若待检血清第一、二组乳鼠全部健活,第三、四组乳鼠发病残废、死亡,说明患畜血清存在 O,A 两型口蹄疫抗体。

(三)细胞血清中和试验

本试验用于检测动物血清中的口蹄疫病毒型特异性中和抗体,以证实被检动物是否感染过口蹄疫。适用口蹄疫易感动物的检疫、疫情监测和流行病学调查。可分为常量血清中和试验和微量血清中和试验两种。

在作血清中和试验前,先进行细胞制备和培养。方法如下:

第一,细胞的消化。选择生长良好,形态正常的 IB-RS-2 细胞培养物,倾去旧的培养液,加入适量的胰蛋白酶螯合剂混合消化液(0.05%trypsin-0.02%EDTA),将细胞单层全部覆盖(100ml 培养瓶加 5ml 左右)。置室温下 10～15 分钟,当细胞单层出现花纹或开始脱落时,倾去消化液。不断摇振使细胞全部脱离瓶壁。

第二,细胞分散。用 10ml 注射器吸取细胞生长液 4～5ml,在瓶内反复吹打细胞团块数次,使细胞分散成单个。然后根据试验需要补加细胞生长液,调整细胞浓度。用于分装链霉素瓶时,细胞浓度为 10^5 个/ml;用于分装微量培养板时,细

胞浓度为 10^6 个/ml。

第三,分装与培养。细胞悬液摇匀后进行分装。每支细胞管装入 1ml,微量板每孔加入 0.05ml,加塞、加盖后置 37℃ 培养,备用。

1. 常量血清中和试验

(1)稀释病毒　用细胞维持液将已知病毒滴度的病毒液稀释至每管(孔)1/2 接种量中含 $100TCID_{50}$(半数细胞感染量),并按下列公式计算病毒稀释倍数(X):

$$X = \frac{(A-B)的反对数}{C \div D}$$

A 为病毒 $TCID_{50}$/ml 倒数的对数,B 为中和试验要求的每管(孔)病毒量(以 $TCID_{50}$ 为单位的对数表示),C 为病毒滴定时每管(孔)病毒接种量,D 为中和试验时每管(孔)病毒接种量。

例如:口蹄疫病毒 O 型 $TCID_{50}$/ml 为 $10^{-7.5}$,中和试验要求的每管(孔)病毒量为 $100TCID_{50}$,病毒滴定时每管(孔)病毒接种量为 1ml,中和试验时每管(孔)病毒接种量为 0.05ml。代入公式得出:

$$X = \frac{(7.5-2)的反对数}{1 \div 0.05}$$

$$= \frac{316200}{20} = 15800$$

(2)稀释血清

①阳性血清的稀释　用细胞维持液将已知效价的阳性血清作倍比系列稀释,直至血清效价后两个稀释度(如血清效价为 1:128,稀释至 1:512)。

②阴性血清的稀释　用细胞维持液作 1:2 和 1:4 稀释。

③被检血清的稀释　用细胞维持液作倍比系列稀释，一般至 1：16。或按供需双方签订的检疫条款规定做。

（3）病毒-血清中和　各稀释度的被检血清和阳性、阴性血清分别与病毒稀释液等量混合，于 37℃中和作用 60 分钟。

（4）接种细胞　取 0.1ml 各病毒-血清中和样品接种于形态正常、已形成良好单层的细胞管中，再补加 0.9ml 细胞维持液。每个中和样品接种 2 支细胞管。同时设正常细胞和病毒 $TCID_{50}$ 复测对照。

（5）培养和观察　所有细胞管置 37℃培养。每天用倒置显微镜观察致细胞病变（CPE）记录结果。72 小时最后判定。

（6）口蹄疫病毒致细胞病变　在光学显微镜下，口蹄疫病毒致病变的细胞变圆，散在或呈葡萄串状，大小均匀，折光率强；细胞质内有空泡，细胞核变形固缩；部分细胞脱落，或崩解成碎片。在观察时应注意区分病变与衰老或物理、化学（高温、中毒）等因素造成的细胞变性。

2. 微量血清中和试验

（1）病毒、血清的稀释，病毒-血清中和　同常量试验。

（2）接种细胞　先将 0.05ml 各病毒-血清中和样品分别加入微量板的孔中，每个中和样品加 2 孔。然后再逐孔加入等量（0.05ml IB-RS-2）细胞悬液。细胞浓度为 10^6 个/ml。细胞对照补加维护液 0.1ml，病毒滴度复测对照孔补加病毒液 0.1ml。

（3）培养与观察　微量板加盖，再用透明胶带密封，置 37℃的 CO_2 培养箱中培养 72 小时，观察并记录结果。

（4）结果判定

①判定条件

A. 正常细胞对照应无细胞病变。

B. 阳性血清对照,再现原血清效价或在允许误差 2 ± 1 范围内.例如阳性血清原效价为 $1:128$,允许误差为 $1:64\sim1:256$.

C. 阴性血清对照允许误差小于 $1:2$.

D. 病毒滴度复测对照,再现原病毒滴度或允许误差 10 ± 0.5 之内.例如病毒原滴度为 $10^{-7.5}$,病毒复测滴度应在 $10^{-7}\sim10^{-8}$ 之间。

当上述对照都正常时,该中和试验成立,并按下列判定方法获得的结果有效。

②判定办法

A. 两管(孔)细胞都病变,判定为中和抗体阴性。

B. 两管(孔)细胞都不病变,判定为中和抗体阳性。

C. 其中 1 管(孔)细胞病变,1 管(孔)细胞不病变,判定为可疑。

③判定标准 国际兽疫局 1986 年公布的《国际动物卫生法典》规定,牛 $1:16$ 以上稀释血清判为阳性。进出口动物的判定标准,应按照双方所签订的动物卫生和检疫条款所规定的标准判定。

(四)正向间接血凝试验

纯化的病毒抗原致敏绵羊红细胞与相应的抗体相遇,即产生肉眼可见的凝集现象,因此,利用该法可检测动物血清中的口蹄疫病毒抗体。操作方法如下:

1.血清灭能 待检血清 56℃水浴灭能 30 分钟。

2.血清稀释 用稀释液将待检血清从 $1:64$ 开始倍比系列稀释至 $1:1024$。将已知阴性血清和阳性血清用稀释液稀释成 $1:64$。

3.加入待检血清 在 96 孔 Ⅴ 型 110°血凝板上的 1～4

排的 1～5 孔各加入待检血清 $50\mu l$，1～4 排的第六孔加入阴性对照血清 $50\mu l$，1～4 排的第七孔分别依次加入口蹄疫 O 型，A 型，C 型，Asia I 型阳性血清 $50\mu l$，1～4 排的第八孔各加入稀释液 $50\mu l$。

4. 加入诊断液 取正向间接血凝诊断液充分摇均后按 O 型，A 型，C 型，Asia I 型顺序，分别加入 1～4 排的 1～8 孔，每孔 $25\mu l$。

5. 判定 在微量振荡器上振匀 30 分钟，盖上玻璃板，室温下静置 2 小时判定结果。

6. 确认结果 结果判定时，先检查 1～4 排的第六至八孔（对照孔），第六和第八孔应无凝集，红细胞全部沉入孔底，呈边缘整齐的小圆点；第七孔应呈现"＋＋"以上的凝集为合格。检查 1～4 排的 1～5 孔，某排的 1～3 孔连续出现"＋＋"以上凝集，判定该份待检血清为阳性，其型别与所加诊断液的型别相同。反之，则判为阴性。以呈现"＋＋"凝集的血清最大稀释度为抗体效价。

六、活畜及屠宰品口蹄疫诊断检测方法

（一）屠宰品中口蹄疫病毒检测试验

患有口蹄疫的家畜屠宰品中仍带有具有感染力的病毒，且能导致口蹄疫的流行和暴发。因此，提供一种高灵敏度的家畜屠宰品口蹄疫病毒检测方法，对进出口检疫、肉品监测、查清疫源、避免疫病流行等是非常重要的。

本检测方法适于检查屠宰品中的淋巴结、脊髓、肺、肝、脾、肾、肌肉、心脏等含有口蹄疫病毒的材料。

1. 材料的采取、保存和运输 在肉联厂或屠宰现场可采取淋巴结（腹股沟浅淋巴结和颌下淋巴结）、脊髓或内脏，在冻肉冷库可采取腹股沟浅淋巴结和脊髓,按 2%随机取样(其中淋巴结和脊髓各占 1%),每种样品采 3～5g,分别装入三角瓶中,置于冰瓶内,带回实验室后加入 4～5 倍量的含有 50%甘油的 pH 值 7.6 的 0.05mol/L 磷酸缓冲液,－20℃中冻存备用。详细记载材料名称、来源、数量、采集时间、地点及保存条件等。运送时应保持低温环境。

2. 操作方法

(1)材料处理

①病毒悬液的制备　取稍多于 1g 的淋巴结和脊髓分别用 pH 值 7.6 的 0.05mol/L 磷酸缓冲液洗涤 2 次,用灭菌滤纸吸去溶液,剥去被膜,称取 0.5g,每 20 份样品随机混合为 1份混合样品,加少许石英砂研磨至细,加入 89ml pH 值 7.6的 0.05mol/L 磷酸缓冲液制成 1：10 悬液,每毫升加入含青霉素 10 000U,链霉素 10 000μg 的双抗溶液 1ml,置于 4℃下过夜。

②F-113 处理　病毒液以 8 000r/min 离心 30 分钟(4℃),上清液移入组织匀浆器的搅拌缸中,加入 20%(V/V)在低温中预冷的 F-113,10 000～12 000r/min 搅拌 15 分钟,溶液移入离心管中,8 000r/min 离心 30 分钟,吸取水相于三角瓶中,并量体积。

③聚乙二醇浓缩　按溶液体积的 10%(M/V)加入聚乙二醇(M.W.6 000)摇动使其溶解,置 4℃6 小时或过夜,或加入等体积的饱和硫酸铵(使饱和度为 50%,pH 值 7.6),置4℃下过夜。8 000r/min 离心 30 分钟,去上清液,沉淀用 pH值 7.6 的 0.05mol/L 磷酸缓冲液悬浮至 4ml,4℃过夜,8 000r/min 离心 30 分钟,上清液即为 25 倍浓缩的病毒液。

④再次用 F-113 处理　将病毒浓缩液移入离心管中,加

入 20%（V/V）F-113 置旋涡振荡器上振荡 5 分钟，8 000r/min离心 30 分钟，吸取水相，加双抗溶液 0.4ml（使青、链霉素浓度分别为 1 000U/ml，1 000μg/ml），用于接种乳鼠。

（2）乳鼠增毒　用病毒浓缩液接种 2～3 日龄乳鼠 10 只，皮下注射 0.2ml/只，与母鼠同窝，于较温暖的室内（冬季不低于 25℃），观察 5 天，随时收集发病死亡鼠或濒死鼠，置 −20℃中冻存。

（3）反向间接血凝法鉴定病毒型

①死亡鼠病毒悬液的制备　取死亡鼠胴体，用 pH 值 7.2 的 0.11mol/L 磷酸缓冲液，磨制 1∶3 悬液，4℃过夜，4 000r/min离心 30 分钟，上清液于 58℃水浴中灭活 40 分钟，置 4℃中稍冷，再次离心，取上清液用于鉴定病毒型。

②操作方法　同反向间接血凝试验。

（二）活畜食管、咽部口蹄疫查毒试验

食管、咽部查毒试验旨在了解活畜带毒情况。本方法只能对牛、羊实施，对猪尚无报道。其操作方法如下：

1. 探杯消毒　将探杯放在 2%苛性钠或 0.2%柠檬酸溶液中浸泡 5～10 分钟，用净水冲洗，或在沸水中煮沸 5 分钟左右使用。每采 1 头动物应按上述方法消毒探杯。操作人员也必须洗手消毒。

2. 被检动物的处置　采样前被检动物禁食 12～18 小时（可以饮水），站立保定，头微向上仰。

3. 采样　操作者站立于被检动物头的右侧，用左手打开口腔，右手将消毒过的探杯经舌面送到咽部，通过前后移动刮取软腭表层上皮。然后随着吞咽动作将探杯送至食道上部约 15cm 处，轻轻地来回移动 3～4 次，最后拉出探杯。此时杯中的食管/咽部刮取物（简称 O/P 液）不得少于 8ml，如不足量

须再次采集。

4. 样品保存 现场采集的 O/P 液立即移至预先装有 10ml 保存液的瓶中,加盖后振摇混匀,将瓶口封牢,贴上瓶签。瓶签须注明样品号和采料日期,然后移入装有干冰或冰块的冰瓶里,尽快送到实验室冰冻。

5. 样品运送 采集的 O/P 液必须迅速派专人送往实验室。在整个运送途中必须始终有干冰,不得使样品解冻。样品送至实验室后需放入 -60℃ 冰箱中保存待用。

6. 样品处理 ①将 O/P 液倒入乳化杯中,并加入 10ml F-113。②用高速控温组织捣碎机以 10 000～12 000r/min 搅拌 2～3 分钟,使液体充分乳化。③将乳化液倒在离心管中,以 3 000r/min 离心 10 分钟。④上清液倒入小瓶中,加盖并贴上瓶签。如不立即接种细胞,则放在 -60℃ 冰箱或液氮中保存。

7. 细胞培养 BHK-21 细胞按常规方法消化、分散,分装在 100ml 或 25ml 培养瓶里,于 37℃ 培养 36～48 小时,待细胞形成单层时即可应用。

8. 细胞接种

(1)倒去旧的营养液,接种处理过的 O/P 液 100ml 培养瓶接种 2ml,每个样品接 2 瓶;25ml 培养瓶接种 1ml,每个样品接种 3 瓶。置 37℃ 吸附 1 小时。

(2)加含有 2% 灭能马血清的细胞维持液 即 100ml 培养瓶加 8ml,25ml 培养瓶加 4ml。

(3)设对照 整个试验设正常细胞对照 3 瓶及病毒对照 2 瓶。

(4)培养 于 37℃ 静置培养 3 天。

9. 观察和记录 每天观察并记录结果。当出现致细胞病变时,及时收样冰冻。

10.病毒鉴定

(1)试验　将收获的出现 CPE 的样品用 BHK-21 细胞增殖 2 代,然后按常规方法作反向间接血凝试验。

(2)接种　用出现 CPE 的样品接种 2～3 日龄的乳鼠,观察其有无口蹄疫发病症状,及时收集病死乳鼠,或再传 1～2 代,然后对病死乳鼠的组织用口蹄疫病毒抗原检测方法进行病毒型的鉴定。

七、现代检测技术简介

随着生物技术的迅速发展和仪器设备的不断更新换代,口蹄疫的检测技术也得到了空前的发展,如聚丙烯酰胺凝胶电泳(PAGE)、等电点聚焦电泳、核酸杂交技术、寡核苷酸指纹图谱分析、聚合酶链反应技术、序列分析技术在口蹄疫病毒蛋白质和核酸研究中的应用,解决了难以用血清学方法解决的一系列重大问题,诸如口蹄疫暴发的疫源追踪、制苗毒株和流行毒株的差异分析及制苗毒株的选择、弱毒疫苗的不安全性检测等问题。在此仅介绍与诊断有关的病原鉴定问题。

聚合酶链反应(PCR)可用于扩增诊断材料中口蹄疫病毒的基因片段,已设计出区别 7 个血清型的特异引物。已建立原位杂交技术以调查研究组织样品中的口蹄疫病毒的 RNA,但这种技术只能在专门的实验室中应用。

核酸序列分析是将反转录-聚合酶链反应与核酸序列测定结合而成的核酸序列分析方法,在口蹄疫的诊断中可用于疫源追踪,型、亚型和毒株分析及遗传学系统树分析。

寡核苷酸指纹图谱分析是核酸或核酸片段经 T_1 酶切割后,经电泳,少数大分子量核酸片段在聚丙烯酰胺凝胶电泳上分布特点的比较,通过少数核酸片段以了解整个核酸的特征,如根据指纹的特点来判断作案者一样,故称为"指纹图谱"。该法的最大优点是比较简便,敏感性高,能显示出毒株间细小的差异。其缺点是无法对差别大的两个毒株进行比较。

在每一个血清型内根据核苷酸序列同源性的百分比,口蹄疫病毒株可分若干组或基因型。通常分析和比较 1D 基因(编码 VP1 结构蛋白)中的核苷酸。通过比较毒株间核苷酸序列的相互关系来预测病毒从一个国家到另一个国家的流行轨迹,结果以树权图型表示。

单克隆抗体识别口蹄疫病毒表面单个抗原位点。正在建立每个血清型的系列中和抗体,并通过逃逸突变毒的核苷酸测定来定性。每个单克隆抗体作用的中和位点,可通过鉴定逃逸中和作用的突变病毒序列变化来推定。

核酸杂交技术,如用^{32}P 标记克隆在质粒上的口蹄疫病毒基因组聚合酶序列作为探针,对实验感染牛的食管、咽部刮取物进行检测,此法为进出口动物口蹄疫病毒检疫提供了快速、准确的检测方法。也可利用固相杂交检测和区分口蹄疫病毒,利用核酸探针检测口蹄疫病毒持续感染细胞的病毒 RNA。

等电点聚焦电泳技术可应用于口蹄疫病毒突变的物理图、病毒诱导的前体蛋白与最终产物的相互关系、病毒的遗传重组、测定蛋白的分子量、病毒的演化、毒株的鉴定、病毒的分类、肽的指纹图、蛋白的二级修饰等方面的研究。

此外,高效液相色谱技术、紫外分光光度计检测技术在口蹄疫病毒的分析中也有应用。转录扩增系统、连接酶链反应、自我染色复制、扩增探针系统和 Q-β 复制酶方法等也将逐渐用于口蹄疫病毒的检测中。

（一）反转录—聚合酶链反应

聚合酶链反应用于扩增两个已知序列之间的 DNA 片段。用两个寡核苷酸作为连续合成的引物，这种反应是用 DNA 聚合酶催化完成的。寡核苷酸有典型的不同序列，与模板 DNA 相对股的序列互补，并位于被扩增片段的两侧。模板 DNA 在两个寡核苷酸和四种 dNTP 过量的情况下，通过加热使其变性。然后将反应混合物冷却，使寡核苷酸引物粘附于靶序列，在此之后被 DNA 聚合酶延伸的引物。以后变性、退火和 DNA 合成重复多次。因为一个循环扩增的产物被用作下一个循环扩增模板，故每 1 次成功的扩增使所希望获得的 DNA 产物加倍扩增。

由于 PCR 具有敏感、特异、操作简单及快速等优异的性能，已在生物学各个领域得到了广泛应用。现将应用反转录-聚合酶链反应（RT-PCR）检测动物组织中口蹄疫病毒的操作方法简要介绍如下：

1. 样品采集　方法同前述，病畜水疱液、水疱皮、O/P 液、扁桃体、淋巴结等均可。

2. 样品处理　所采样品要求冷冻保存（－30℃）。磨毒、浸毒等过程与以上试验相同。3 000r/min 离心 5～10 分钟，取上清液为被检材料。

3. 样品总 RNA 萃取　取组织毒 200μl，加硫氰酸胍变性液 400μl，或取组织样品 300μl，加硫氰酸胍变性液 300μl。冰水浴 5～10 分钟，加 2mol/L 醋酸钠 60μl，混匀后加等体积酚—氯仿—异戊醇（25∶24∶1），充分混匀，冰水浴 10 分钟。离心，取上层水相，加等体积异丙醇，混匀，置－30℃2 小时以上，沉淀 RNA。

4. 反转录　反应混合液总量 20μl：4μl 5×RT 缓冲液

（250mmol/L Tris-HCl，pH 值 8.3；250mmol/L KCl，50mmol/L MgCl$_2$，50mmol/L DTT，250mmol/L 亚精胺），25pmol/L 引物，2.5mmol/L dNTP，10uRNasin，8～10u AMV 反转录酶。42℃温育 1～2 小时。

5. PCR 扩增 反应混合液总量 50μl：先向 20μl 反转录产物中加上下游引物各 25pmol/L，将反应管置沸水中 5 分钟，立即转入冰水中骤冷。随后再加以下反应要素：30μl 10× PCR 缓冲液（100mmol/L Tris-HCl，pH 值 9，500mmol/L KCl，1%TritonX-100），10mmol/L dNTP，2.5uTaqDNA 聚合酶，最后各反应管再加 50μl 石蜡油。

扩增反应共 30 个循环，每个循环包括：退火 55℃ 1 分钟，聚合（延伸）72℃ 1.5 分钟，变性 94℃ 1 分钟，最后 1 次聚合延长至 10 分钟。

6. PCR 产物的检测 取 5～10μl 扩增产物加样于 1%琼脂糖凝胶（含 0.5μg/ml 溴乙锭），配胶和电泳缓冲液都是 1× TBE(Tris 10.8g，硼酸 5.5g，0.5mol/L EDTA 4ml/L)，80～100V/40～50mA 电泳 30～40 分钟。观察 PCR 产物中的 DNA 在凝胶中的位置，以质粒 pFA$_{206}$ 的 PCR 的产物带为参照，判定结果。

（二）液相阻断酶联免疫吸附试验

通过检测特异性抗体应答，可对口蹄疫感染作出诊断。在抗体检测方法中已经介绍了病毒中和试验。在此介绍国际贸易指定的液相阻断酶联免疫吸附试验。

此法是根据血清中和试验和抑制试验的原理而建立的一种酶联免疫吸附试验法。将预先滴定的口蹄疫病毒在溶液中（液相）与连续对倍稀释的血清混合孵育，血清样品中的特异性抗体将阻断病毒抗原与包被的抗体和酶结合物的结合。没有被血清中抗体完全阻断的病毒抗原用捕获酶联免疫吸附试验测定其抗原量。本法是检测抗体的一种好方法，比间接法灵敏度高，非特异性反应少。

使用口蹄疫病毒 7 个血清型 146S 抗原的兔抗血清。将该血清用 pH 值 9.6 碳酸盐/碳酸氢盐缓冲液稀释成最适浓度。

用 BHK-21 细胞培养增殖的口蹄疫选择毒株制备抗原。对未纯化的上清液按程序规定使用，并进行预滴定（但不要有血清），以达到某一稀释度，而加入等体积稀释剂后，其光吸收值应在 1.2～1.5 之间。使用含 0.05％吐温-20 和酚红指示剂的 PBS 作稀释剂（PBST）。

用每一个血清型的 146S 抗原接种豚鼠制备豚鼠抗血清。先用含 0.05％吐温-20,10％正常牛血清,5％正常兔血清和酚红指示剂的 PBS 将其稀释成最适浓度。

使用辣根过氧化物酶结合的兔抗豚鼠的免疫球蛋白，将其用 PBST 稀释成最适浓度。也可使用绵羊制备这种免疫球蛋白，在这种情况下，用绵羊血清取代上述提到的 5％正常兔血清。

被检血清用含 0.05％吐温-20 的 PBS 稀释。

试验程序如下：①ELISA 板每孔用 50μl 最适稀释的兔抗病毒血清包被，并置于湿盒内在室温下过夜。②在"U"型底的多孔板（载体板）内，将每 1 份被检血清制备成 50μl 二倍连续稀释液，起始滴度为 1∶4，向每孔内加入相应的已稀释成一定量的病毒抗原 50μl，混合物于 4℃过夜，或在 37℃孵育 1 小时。加入抗原后使血清的起始稀释度升到 1∶8。③用 PBS 液将 ELISA 板洗 5 次。④然后，将 50μl 血清-抗原混合物从载体板转到兔血清包被的 ELISA 板中，置于旋转振荡器上在 37℃孵育 1 小时。⑤洗涤，每孔加 50μl 前一步使用的相同病毒抗原的豚鼠抗血清,置于旋转振荡器上在37℃孵育1小时。⑥洗板,每孔加50μl兔抗豚鼠免疫球蛋白辣根过氧化物酶结合物,置于旋转振荡器上在37℃孵育1小时。⑦再次洗板,每孔加50μl含0.05%H_2O_2(30%W/V)的邻苯二胺溶液。⑧15分钟后,每孔加50μl的1.25mol/L硫酸中止反应15分钟。将板置于联有微型计算机的分光光度计上,在492nm波长条件下读取光吸收值。⑨对照由下列各项组成:对于每1个使用的抗原,用4~8个孔,不加血清只加50μl用PBS(含0.05%吐温-20和酚红指示剂)稀释的抗原;相应的牛标准抗血清,二倍连续稀释,每个稀释度2孔;阴性牛血清,二倍连续稀释,每个稀释度2孔。⑩结果判定,抗体滴度以被检血清能达到与无被检血清的病毒对照孔光吸收平均值的50%的最终稀释度来表示。滴度超过1:40为阳性,滴度接近1:40时,应使用病毒中和试验进行重检。

第六章　口蹄疫的预防与控制

第一节　我国防制口蹄疫的原则、
措施和经验

一、防制口蹄疫的基本原则

　　口蹄疫被国际兽疫局列为A类传染病之首,规定其成员国发生口蹄疫时,必须以最快的方式报告疫情,通报毗邻地区和国家,共同采取措施,严格防范,尽快扑灭。在我国,《中华人民共和国动物防疫法》第一章第五条规定:"国家对疫病实行预防为主的方针。"因此,我国防制口蹄疫的基本原则是以预防为主,即:①防止发生,防止从国外传入。②一旦发生或由国外传入,应根据《中华人民共和国动物防疫法》规定,采取紧急措施及时就地扑灭,发布封锁令,防止扩大传染蔓延。③扑杀、销毁病畜及其同群畜,消灭疫源。总之,一旦发生口蹄疫,必须采取行政、技术与经济手段相结合的综合防制措施,按早、快、严、小的原则,落实防疫措施,迅速扑灭疫情。

二、防制口蹄疫的措施

(一)主要的行政措施

1. 加强组织领导 各级政府的领导要高度重视口蹄疫的防制工作。为防制口蹄疫等重大畜禽传染病,可组织临时防疫指挥机构,动员有关人员和兽医技术力量,组成防疫队伍,深入基层,深入现场参加和指挥防疫。

2. 各部门配合协作 组织有关部门、单位,包括生产、经营、交通运输、卫生、公安、市场管理部门,配合协作,共同做好防疫工作。

3. 开展群众性防疫工作 发动群众,依靠群众,宣传群众,开展群众性防疫工作,保证技术性措施和防疫法规的实施。

4. 落实动物防疫法规 及时报告疫情,对隐瞒疫情不报贻误防制时机或有意违反防疫规定,造成疫情扩大蔓延的,要依据情节轻重予以经济制裁,触犯法律的依法处理。这是落实防疫措施和法规的有力保证。

(二)主要的技术措施

1. 随时监测并即时报告疫情 各级农牧主管部门要建立

疫情报告制度和报告网络,随时进行疫情监测和普查,基层单位发现口蹄疫疫情或可疑病例,要立即上报,并立即采取防疫措施。

2. 立即做出诊断　兽医机关对疫情立即做出诊断,采取防疫措施,并采取病料送政府指定的兽医检验机构进行口蹄疫毒型鉴定,以便实施疫苗接种。

3. 迅速采取措施

(1)封锁疫区　疫情确诊后,由政府发布封锁令,对疫点、疫区采取封锁措施。

(2)处理病畜　建议政府采取扑杀政策,扑杀、销毁病畜及同群可疑牲畜,并实施消毒。

(3)预防接种　对疫区周围受威胁地区畜群,实施紧急疫苗预防接种。有计划的在不安全地区组织预防注射,建立免疫带,特别是邻国有疫情时,应建立边境免疫带。组织实施常规的口蹄疫疫苗预防注射,提高免疫接种密度,提高畜群的免疫力,特别是在口蹄疫常发地区,必须坚持实施疫苗注射。

(4)限制流通　严格禁止或限制活畜及畜产品,特别是畜产品流通,加强检疫监督,防止传播扩散疫情。

(5)实施消毒　组织好消毒工作,对污染的畜舍、环境、道路、运输工具等彻底消毒。

三、防制口蹄疫的经验

我国在防制口蹄疫工作上积累了一套比较成熟的经验,概括起来即是:加强组织领导,大搞群众性防疫,组织有关地区、部门联防协作,贯彻以预防为主的方针和遵照"早、快、严、小"的原则,采取综合性防疫措施。实践证明,采取"综合防制措施"控制和扑灭口蹄疫的做法是成功的。

（一）加强防疫工作的组织领导

采取成立专门的防疫机构，加强领导，是防制口蹄疫取得胜利的重要保证。如我国在 20 世纪 50 年代初扑灭一些地区的口蹄疫疫情时，中央人民政府政务院和出现口蹄疫地区的各级党、政领导机关，都曾分别发出紧急指示，将扑灭口蹄疫工作列为当时该地区党和人民政府的一项紧急任务，开展扑灭本病的群众运动，并组织有畜牧、农林、商业、交通、卫生等有关部门参加的各级口蹄疫防制委员会，统一指挥，在重要交通要道设置封锁检疫站，建立层层负责和分片包干负责制，使封锁、隔离、检疫、消毒等防疫措施得到认真贯彻执行，保证了防疫任务的胜利完成。

（二）大搞群众性的防疫活动

在防制口蹄疫工作中，发动群众，组织群众，把防疫技术交给群众，广大群众一齐动手，加强疫情报告，认真贯彻封锁、隔离、消毒等措施，注意治疗、护理病畜。这为迅速扑灭疫情，坚决保护清净区不受传染方面起到了巨大的作用。

（三）建立防线，加强联防协作

由于口蹄疫的传染力很强，传播速度快，一旦发生，往往势如燎原之火，迅速蔓延流行，因此，防疫如防火，必须组织有关地区、有关部门进行联防协作，建立巩固的防线。在发生口蹄疫的地区，各部门和各地区之间应发扬大协作精神，互相配合，分工负责，沿疫区周围共同建立防线，进行联防。通过联防协作，在互相邻界彼此往来频繁的交通要道设立检疫封锁站，互相通报疫情，互相遵守对方的防疫措施，在建立防线、执行封锁检疫措施方面通力协作，断绝一切传播途径，不给疫情有隙可钻，阻止疫情发展。

(四)按"早、快、严、小"原则采取综合性防制措施

1. 遵照"早、快、严、小"的原则　我国在防制口蹄疫的实践中,总结出了"早、快、严、小"的四字原则。①"早"是必须及早发现口蹄疫疫情。为了及早发现口蹄疫,必须依靠管理猪、牛、羊、骆驼等偶蹄动物的饲养员和防疫员、边境检疫兽医、配种技术员、屠宰厂肉品检验员等,经常警惕口蹄疫的发生,尤其在与有口蹄疫流行的邻国的接壤地区,更应提高警惕,及早发现。②"快"是防制口蹄疫的一切措施均应迅速执行。防制口蹄疫尤如消防灭火,必须行动迅速,分秒必争,用最快的通信方法、交通和运输条件,做到快确诊、快通报、快隔离、快封锁等。③"严"是对口蹄疫的一切防制工作应严肃对待、措施严密、严格执行。对疫点更应严格隔离、封锁,认真堵塞漏洞,制止蔓延,并就地消灭。④"小"是对疫点、疫区范围应适当划小,但也不能发生漏洞,这样使涉及到封锁的人和物少些,封锁造成的困难小些,便于认真执行严格的隔离、封锁,达到在小的范围内就地消灭的目的。为了顺利地实现"早、快、严、小"的原则,要做好宣传群众、组织群众和依靠群众的工作,并依此制定防制本病的具体措施。

2. 采取综合防制措施　我国所采取的控制和扑灭口蹄疫的综合防制措施,即根据口蹄疫的发生和流行情况,按分布地区大小、疫点多少、病畜的种类和数量、疫情来源及蔓延趋势及毒型鉴定结果等,经过全面分析判断,决定防疫对策和措施。若疫点少、病畜不多,可扑杀病畜及同群牲畜,拔除疫点,消灭疫源,达到扑灭目的。若疫点分布很广,疫情已扩散,扑杀少数病畜已不能全面控制疫情,达不到扑灭目的时,则采取对疫区严格封锁的政策(详见第二节),即严格封锁疫区疫点,隔离病畜及同群可疑感染牲畜,疫区周围受威胁地区用疫苗普

遍注射,建立免疫带,疫区内各疫点周围用疫苗进行环形包围免疫注射。

根据我国的具体情况和国外防制口蹄疫的经验,扑灭本病所采取的具体技术措施主要是:当某一地区发生口蹄疫时应划定疫区,连同非疫区皆应立即采取措施积极防制。在疫区之内可划分疫点和非疫点,在非疫区可划分为受威胁地区和安全区。疫区为口蹄疫正在流行的地区,它的范围包括病畜在发病前14天放牧过和经常活动的地段、牧场、农场、河流,还包括附近便于封锁的地形及交通路线。在有村庄的农区,则疫区应包括病畜所在的地方及病畜使役和放牧饮水的地点。在牧区内的疫区,则为病畜群发病前14天内放牧和饮水的地区。疫区即封锁区,因此,疫区不宜划得过大,也不宜太小。疫点是病畜的所在地,包括饲养病畜的圈栏场所和院落。在疫区之外的地带为非疫区。受威胁区是与疫区接壤的地方,根据地形和交通情况可划及5~10公里地带。在受威胁区之外为安全区。

经验证明,凡疫情报告及时、隔离早、封锁严、消毒彻底,特别是及时扑杀病畜的地区,都取得了迅速扑灭疫情的效果。根据具体情况实行分片包干、层层负责和及时隔离封锁、严格消毒、加强检疫等方法,可克服封锁面过宽而不严的缺点。有些地区在对疫区实行小圈封锁的同时,为了保护广大清净地区,还采取了大圈包围的措施,设置二重防线,并认真实行先隔离封锁,注射疫苗,严格消毒,然后组织治疗的办法。此外,还要注意做好疫情扑灭后的善后大消毒和清理疫区(消灭残留疫源、扑灭残留疫情)等工作,收到了良好的效果。

总之,必须认真贯彻以预防为主的方针和"早、快、严、小"的原则,切实做好"强制封锁、强制扑杀、强制免疫、强制消毒、强制检疫"的综合防制措施。加强兽医卫生执法体系建设和监督检验工作，依法防疫。对收购、运输、屠宰、加工、销售等多个环节的检疫、消毒和防疫制度要完善配套，做到规范化、制度化、法制化。建立、健全卫生防疫制度，加强兽医防疫管理，持之以恒抓好综合防制工作。

第二节　预防和扑灭口蹄疫的措施

一、预防口蹄疫的措施

（一）防止国外传入口蹄疫的预防措施

随着对外贸易的发展和我国加入世界贸易组织（WTO），我国与世界各国及地区间的动物及其产品的进出口日益频繁，境外口蹄疫疫情传入我国的危险性不断增加。我国有数万公里的陆上边境线，我国周边国家和地区口蹄疫疫情复杂，传入因素多，受威胁很大，所以我们必须增强自我防范意识，采取严格的防制措施。

1. 严格执行进口检疫制度　禁止或以严格检疫与卫生条件限制从有口蹄疫国家和地区输入易感动物及其产品。需要从国外引进良种家畜时，必须以国家公布的防疫法规定和国际兽疫局制订的法规为依据，向输出国提出卫生、检疫项目和判定标准，签订检疫协议书，每次输入皆须签订合同，并规定从该国无口蹄疫地区选购。以输出动物的产地农场为中心，半径 25～50 公里范围内，在 1～3 年内须未发生过口蹄疫（根据不同国家的不同情况，提出的卫生检疫条件不尽相同），还必须在签订检疫协议和输入动物合同书上明确规定，须在产地隔离观察 1 个月以上无口蹄疫发生。运抵口岸，装运前须在口岸隔离场再由输出国家政府兽医机关对该批输出动物观察1个月,按检疫协议书条款逐项进行检疫,合格的发给兽医检疫证书。运抵本国口岸卸下后,须经输入国动物检疫机关隔离检疫1个月,证明健康,无口蹄疫时方准入境。

2. 进口动物产品必须有检疫消毒证明 进口动物产品,必须经过出口国家的政府兽医机关检疫,出具非疫区产品证明和检疫消毒证明。装运出境时须对包装外表消毒。运抵我国口岸后,须经动物检疫机关验证、检疫,确认合格后方准入境。

3. 建立边境免疫带 当邻国暴发口蹄疫或最近3年内在边境地区发生过口蹄疫,认为有传入危险时,应沿边境在50~200公里宽的地带内,对易感家畜牛、羊等普遍实施疫苗预防注射,每年至少注射2次,建立边境免疫带,以防止传入疫情。

4. 设立动物检疫机关 在国家规定的出入境口岸设立动物检疫机关,对入境出境动物及其产品实施检疫。

5. 发现疫情及时封锁边境 当邻国边境发生口蹄疫时,实行边境封锁,禁止边民携带动物及其产品入境,关闭边境农贸市场,停止动物及其产品上市交易。

(二)口蹄疫非疫区的预防措施

当某地区发生口蹄疫或近年内某些地方有过口蹄疫流行时,广大非疫区应采取积极主动的预防措施,防止疫情传入。

1. 禁止疫区牲畜及其产品进入 非疫区地方政府可发布命令,禁止所辖地区机关、团体、企事业单位、个体商贩和个人,从口蹄疫疫区贩运偶蹄动物及畜产品,防止传入疫情。

2. 紧急预防接种 如果在邻近地区发生口蹄疫,随时有传入危险时,应该对易感动物实施紧急预防注射,使其获得免疫。在疫区周围进行环形包围注射,建立免疫带,并下令管好畜群,不得出境到疫区附近活动。

3. 关闭牲畜交易市场　在邻近地区发生疫情后,应立即关闭牲畜交易市场,停止牲畜交易和流动。

4. 在交通要道设置动物检疫站　在交通要道设置动物检疫站,对来往运载牲畜及其产品车辆,实施检疫、消毒和管理。禁止从疫区运出易感动物及其产品。

5. 加强生产管理　受疫情威胁地区的农场、牧场、养畜户、经营单位要管好畜群,勿使其与疫区、疫点牲畜接触,并尽可能不到疫区河流下游饮水,不从疫区购入饲料。管好饲养员工,自觉不到疫区活动,谢绝外人进场参观。

6. 防止各种传染媒介和传播渠道传入疫情　在商品经济发达、商品流通日益增多的情况下,扩散传播机会和传播渠道也随之增加。如城市餐馆、饭店肉源来自各方,泔水里的残羹剩菜也往往被口蹄疫病毒污染,要向养猪户宣传泔水必须煮沸消毒后喂猪。来自疫区的冻肉、饲草、饲料,都有可能污染病毒,要尽可能消毒做无害化处理,尤其非舍饲的放牧畜群,更需注意防止感染。采用疫苗预防注射,是比较好的保护措施。通过疫情监测、预报手段,提前防疫,争取主动。

7. 加强疫情监测　成功的经验表明,对畜群随时注意健康检查和进行定期普查,是早发现疫情的一种比较现实的监测手段,有利于早、快、严、小地扑灭疫情。

二、扑灭口蹄疫的措施

在长期防制口蹄疫的历史过程中,有口蹄疫的国家皆根据本国具体情况,采取各自的对策与措施扑灭疫情,防止扩大蔓延、流行和复发,即因地制宜,采取综合措施防制,以扑灭口蹄疫。

（一）国外一些国家的口蹄疫防制政策

国外一些国家的口蹄疫防制政策，归纳起来主要有以下三种类型：

1. 强制性扑杀政策　扑杀、销毁全部病畜及同群牲畜。这是美国、英国、加拿大、挪威等一些国家在几十年前就已实施的政策和措施，并成功地扑灭了口蹄疫，保持长期未再发生。如美国 1870～1929 年有过数次流行，采取强制性扑杀对策，于 1929 年扑杀所有病畜及同群牲畜，扑灭了最后一次疫情，再无口蹄疫发生。加拿大于 1952 年、墨西哥于 1954 年采取扑杀政策，结合消毒等措施扑灭后也再未发生。英国是对口蹄疫采取防制措施最严格的国家，早在 1922 年就明令规定了强制扑杀销毁病畜及同群牲畜的政策，扑灭了疫情。以后因为由国外输入肉品又有疫情传入。鉴于扑杀政策对经济损失太大，改而采取对被认为有条件做到严格隔离和封锁的地区，允许不全部扑杀病畜及同群牲畜，采取严格封锁、隔离措施控制疫情，但不能做到及时就地扑灭，未收到明显效果。1952 年又重新规定改变隔离措施，执行全部扑杀处理病畜及同群家畜的政策。1967～1968 年因从国外输入肉品再次传入口蹄疫时，为保护其全国当时 4 400 万头偶蹄动物（1968 年牛 1 100 万头，羊 2 700 万头，猪 600 万头）的安全，扑杀病牛和同群可疑感染牛 42 万头，损失巨大。2001 年上半年，英国再次发生口蹄疫，扑杀牛羊无数，损失数百亿英镑，使英国畜牧业遭受重创。以上表明扑杀病畜及同群可疑感染动物，对扑灭疫情可谓良策，但如果不能控制住通过商品流通渠道传入新的疫情，还是不能有效控制长期清净无疫情。因扑杀损失太大，对大多数国家则不甚适用。

2. 紧急屠宰疫区病畜　在疫情发生后,紧急屠宰疫区病畜,但不销毁,做无害化处理后留作肉食;在疫区周围实施疫苗免疫注射。这种对策,被认为较前一种措施合理,可减少经济损失。丹麦、荷兰、瑞典、瑞士及其他一些国家曾采用过这种对策扑灭口蹄疫,但对大多数国家特别是经济不发达国家,被认为损失太大,尤其在大流行状态下,很快就有数十万头,甚至百万头牛羊感染,不易做到全部屠宰处理。

苏联于1958年颁布的口蹄疫防制规程中指出,屠宰病牛是最后一种办法,只在有下列情况之一者才能屠宰:①在过去一向安全无口蹄疫的地区,偶然发生口蹄疫,可屠宰以消灭疫源。②私有舍饲牛,只有个别牛发生口蹄疫,给畜主以适当赔偿可屠宰。③在牲畜采购站、育肥场、肉类联合加工厂发生口蹄疫时可作屠宰处理。苏联采用这种有限地扑杀病牛的政策,被认为是合理而且有效的。放牧的牛群和大量集中舍饲的牛群,一旦发生口蹄疫,很快就会传开,使全场和附近牧场的牛群发病,只扑杀少数病牛,控制不住疫情扩展;但若将全场和邻场牛群全部屠宰,则损失太大,故也不采取大量屠宰的政策。

3. 对疫区采取严格封锁政策　发生口蹄疫时由政府发布封锁令,划定疫区,严格封锁。农场、牧场、居民点发生口蹄疫时,立即采取封锁、隔离、消毒、毁尸等防疫措施。受疫情威胁的周围地区,加强检疫,对牛羊等易感动物普遍实行疫苗预防注射。这是多数国家,特别是经济不发达国家采取的对策和措施。

有些国家同时结合上述第二种办法,有限度地在口蹄疫初发地居民点、农场、牧场扑杀病畜,消灭疫源,对控制疫情蔓延及时扑灭口蹄疫,收到明显效果。

（二）病畜的扑杀及病畜尸体处理的原则

对扑杀病畜和病畜尸体无害化处理的全过程要在兽医人员的严格监督下执行，场地、用具等务必进行有效而彻底的消毒。尸体采用深埋或焚烧，在有条件的屠宰场可进行化脂等无害化处理（参见附录三）。扑杀病畜及处理病畜尸体应按下列原则分别情况执行：

1. 农牧场等处病畜的处理　农场、牧场和农村养猪户以及作为肉用饲养的牛、羊发生口蹄疫时，为防止扩大传染蔓延，可扑杀处理，尽快拔除疫点，消灭疫源。扑杀后的肉尸，有条件无害化处理利用的，可无害化处理；无条件处理或无利用价值的，可销毁处理。

2. 屠宰场等处病畜的处理　屠宰场、屠宰点、肉类联合加工厂及其待宰饲养仓库中的猪、牛、羊等易感动物发生口蹄疫时，应该全群急宰处理，肉尸可在无害化处理后利用。

3. 运输途中病畜的处理　收购的猪、牛、羊在运输途中发生口蹄疫，应运到政府兽医机关指定地点或经其许可运到目的地或送回原地集中急宰处理，肉尸可无害化处理后利用。但不得中途抛弃病畜及其尸体，防止扩散蔓延。

4. 偶然传入口蹄疫地区的病畜及同群可疑感染家畜的处理　在一向安全无口蹄疫发生的地区，偶然传入口蹄疫时，在尚未扩大传染蔓延之前，应尽快扑杀销毁病畜及其同群可疑感染家畜，消灭疫源，以继续保持该地区清净无疫情。

（三）疫区扑灭疫情的措施

1. 报告疫情　首先要加强群众性的宣传教育工作，使群众对口蹄疫有正确的认识，发生口蹄疫或疑似口蹄疫时能立即报告。饲养员、防疫员发现病畜应迅速报告兽医站，由政府用最快的方法派兽医前来确诊和指导防制，并通知邻近单位注意防范。经畜牧兽医站确诊为口蹄疫时,除应迅速组织防制外,还要逐级上报并向相邻单位通报疫情。关于疫情的发展或缩小、停息,应随时掌握,报告上级。

2. 隔离病畜,认真贯彻防疫措施 农场和农村的畜牧单位发现家畜有口蹄疫疫情时,要主动地迅速隔离病畜。当确诊为口蹄疫时,必须立即采取防疫措施,做好以下工作:

(1)**隔离病畜与同群牲畜** 在舍饲的家畜中,凡是病畜和与病畜接触过的家畜都不得放出舍外或与其他无病的健康家畜接触。对放牧中的畜群,除将病畜就地隔离外,其他同群放牧过的家畜,因有被感染或带毒的可疑,应看作可疑病畜,留在原放牧地划区放牧。禁止对口蹄疫易感的健康家畜(牛、羊、猪等)进入发病的畜圈和已被污染的牧场。

(2)**防止媒介传播** 病畜接触过的饲料和饲草,不应喂给对口蹄疫易感的健康家畜;病畜的用具也不可给健康家畜使用或接触。取消井旁的共用水槽,分开喂饮,以避免无病的牛和猪、羊与病畜有直接或间接的接触机会,防止感染。

(3)**防止人员传播** 放牧、饲养等人员接触病畜后,必须洗手消毒。另外在牛栏、牛圈及院落的门口,还应设置消毒槽或消毒坑池,内盛锯末、稻糠或稻草,浸以 30%柴灰水或 1%~2%的苛性钠等溶液,以便出入时踏入,消毒靴鞋。放牧或饲养病畜的人员不能与其他易感染口蹄疫的健康畜群接触,以免扩大传染。

(4)**防止幼畜及贵重易感家畜等被感染** 在防疫隔离期间,要特别注意吃奶幼畜、贵重种畜以及役用家畜免受传染,防止引起幼畜的死亡和影响种畜配种及役用家畜的使役。对病牛新产的犊牛应立即隔离并喂以健康牛的奶。如没有健康牛的奶时,只能在头 3 天喂给初乳,以后再喂以煮沸消毒过的母乳,同时注射口蹄疫高免血清或病愈牛血清、痊愈血、同型高免牛乳清后,才能与母牛放在一起,以防感染死亡。

(5)防止非易感动物传播　要注意拴狗和圈鸡、鸭,不使它和病畜接触,以免传播病原。

(6)加强对病畜的护理　对病畜要加强护理工作,应给以清洁柔软的褥草和足量的饮水,喂以多汁饲料和软草,促进病畜恢复健康。

3. 封锁疫区

(1)划定疫区进行封锁　关于封锁的决定,应按封锁区域的大小,由县级以上人民政府发布封锁令,进行封锁。在封锁区交通要道路口,设置昼夜轮流岗哨监视执行封锁措施。划定封锁区的大小若不妥当,实行封锁若不及时,会使疫区迅速扩大。如在封锁时,只注意病畜及病畜圈栏、病畜尸体和发病村庄,而忽略了与病畜接触过的可疑病畜和放牧过病畜的牧场时,或因执行封锁规定不彻底,运出病畜接触过的带口蹄疫病毒物资,或因人、畜不经消毒随便出入,都能散播病毒,造成扩大流行,因而封锁是最重要的一环。

(2)对封锁的疫区应采取的措施　①在通往疫区的道路上,要设置标示牌,指明家畜和车辆的绕道路线,禁止进出疫区,以防受到传染和传播病毒。②在封锁的村庄进出口处,设置消毒用的坑池,以便行人及车马出入时进行消毒。消毒坑的宽度和路宽一致,长度应有车轮1周长,以便车轮通过消毒坑时能转1周,达到全车轮消毒的目的。③在封锁期内,应停止家畜的集市贸易和其他集会活动。④经常做好屠宰厂、畜产品加工厂和待宰家畜饲养场的卫生工作。⑤禁止经铁路、陆路、水路运输口蹄疫病畜,以防造成传染流行。⑥不能在疫区内收购或运出各种畜产品,如果是在发生口蹄疫之前收购的

126

畜产品,经当地政府批准,并在兽医人员指导下,进行严密包装和表面消毒,然后才能运出疫区。⑦病畜接触过的饲料、饲草,不能运出疫区,只能在解除封锁后夏天经 2 个月,其他季节经过 6 个月的保存,使病毒丧失传染能力后,才能运出。⑧在封锁时间内,这些饲草、饲料只能喂给不感染口蹄疫的马、骡、驴等单蹄家畜和患过口蹄疫的家畜食用。⑨在发生口蹄疫前收割和堆积的饲草,如果未曾与病畜接触,可在解除封锁后运出,在特殊情况下,经当地政府和兽医人员同意后,亦可提前运出使用。放牧过病畜的牧场,因被病毒污染,夏天须经 1 个月以上,春秋气温较低的季节须经 2～3 个月以后,才能再放牧其他健康畜群。

(3)安排好封锁期间疫区内群众的生产和生活 在疫区封锁期间,对未曾与病畜接触过的非疫点的粮食和其他物资或经过消毒的奶及奶制品等经兽医检查,在其监督指导下,可以允许运出运入。在封锁期间,要适当地照顾群众在生产和生活上的需要,并且要注意给群众解决因封锁疫区带来的一些不便和困难,以免群众因感到封锁不便而不遵守防疫的封锁限制,造成防疫漏洞,散播病原。

(4)解除疫区的封锁 解除疫区封锁限制时,必须在最后 1 头病畜扑杀或痊愈后 14 天,未再出现新的病例,并经过对圈栏、用具的最后消毒,将畜粪清除进行发酵处理,未病的易感家畜进行免疫注射,将病愈的家畜体表洗刷消毒后,经县级以上农牧主管部门检查合格始能解除封锁。解除封锁令仍由颁布封锁令的机构发布,但在解除封锁后,病愈的家畜除了供屠宰的外,仍须再经过 3 个月并进行体表消毒和修削四蹄后,才能牵到无口蹄疫的地区使用。

4. 封锁疫点 疫点和饲养病畜的地方是口蹄疫病毒污

染最重之地，故应实行最严格的封锁措施。严禁点内的人、畜及一切物品移出疫点，严禁点外人、畜进入。点内人、畜所需生活用品只能放在疫点边缘上指定地点，再由点内人员移入。家畜粪便应堆积发酵或焚烧，死畜深埋和彻底消毒，未患病家畜应尽快免疫注射。注意环境卫生，认真执行消毒制度。饲养人员应穿工作服及胶靴，并须经常清洗消毒。兽医人员进入疫点必须认真执行消毒制度，进入疫点必须穿戴工作服、帽、胶靴，出疫点时脱去工作服、帽、胶靴予以消毒，手和面部也要消毒。疫点与疫区同时解除封锁。

5. 扑杀、销毁、消毒、检疫、紧急免疫接种等其他措施
详见有关章节。

总之，口蹄疫的防制应根据本国实际情况采取相应对策。无口蹄疫地区或国家，一旦暴发本病应采取屠宰病畜、消灭疫源的措施。已消灭了口蹄疫的地区或国家通常采取禁止从有病国家输入活畜或畜产品，杜绝疫源传入。有口蹄疫的地区或国家，可采取以检疫诊断为中心的综合防制措施，一旦发现疫情，应立即实行封锁、隔离、检疫、扑杀、销毁、消毒、紧急免疫接种等措施，迅速通报疫情，查源灭源，并对易感畜群进行预防接种，以便及时拔除疫点。

随着科学技术的不断发展，口蹄疫的检测技术、疫苗制造技术、病原特性、动物免疫机制及转基因抗病育种等方面的研究也取得了重大的进展，这为最终控制和消灭口蹄疫奠定了坚实的基础。

三、防制口蹄疫的信息系统

（一）口蹄疫防制信息系统的作用
口蹄疫的防制是一个庞大的系统工程，同时也是一个世界性的问题。信息的迅速收集和发布是控制和消灭此病的必要措施之一。这不仅具有流行病学监测的作用,而且还为兽医及有关部门随时了解疫情动态提供信息,也是监测控制措施是否成功、是否继续进行或改变这些措施所必须的依据。因此,必须大力发展防制该病的信息系统。

高效的信息系统既可以及时、明确地显示一个地区目前流行何种疾病,同时又可以为增进畜群健康和提高牲畜生产能力,防制疫病提供科学依据。应用于口蹄疫防制的信息系统的作用是:①提供疫情早期、可靠的警报和已发生疾病特征及流行范围变化信息。②通过分析现有的流行病学防制信息,解释疾病发生的原因,帮助兽医工作者决定采取何种有效防制措施。③提供目前已不再流行疾病的信息,利用这些信息决定在某些特定地区和国家扩大和改变畜牧业的生产方向。④从成本—效益方面帮助决策者制订疫病防制策略。⑤为疫病防制和消灭计划提供补充和检测依据。⑥为农场和乡村卫生事业服务。

(二)常见信息系统的形式

目前常见的兽医防疫信息系统有国际兽疫局对重要传染病的报告系统、农场和地方兽医部门的疫情报告系统、疫病的普查和检疫系统等。口蹄疫防制的信息系统是一个大的信息网,信息网覆盖的范围越大,及时全面地收集和真实快速地报告疫情信息的作用就越强,同时它又是一个巨大的数据库,其包含的信息越多,就越能准确地制订出疫病的防制措施。

目前,许多国家都已建立起专门应用于口蹄疫防制的信息系统。随着计算机技术的发展,口蹄疫信息技术也取得了很大的发展,许多监测系统都已开始应用计算机资料管理系统,计算机网络信息库是获得信息最快的技术。多媒体技术也将在普及口蹄疫防制技术方面发挥越来越大的作用。

四、防制口蹄疫的应急计划

（一）制订口蹄疫防制应急计划的必要性

在口蹄疫的预防和控制中，常会有许多不可预测的事情发生，需要制订相应的应急计划。无口蹄疫国家，有口蹄疫传入的可能性，应制订相应的应急计划。如建立进口检疫、疫情监测、疫苗和血清储备措施，对基层兽医人员进行必要的防疫模拟训练，建立应急基金等措施，即制订出一但出现疫情就能快速报告和快速反应的防制口蹄疫应急计划。在口蹄疫流行国家，如果一个新的血清型病毒的传入就相当于一种新的疾病的传入，也必须制订防止其传入的相应的应急计划。同样在一些口蹄疫流行国家的无口蹄疫地区也应有适宜的应急计划。

应急计划也可以用于控制口蹄疫的流行，减少损失。口蹄疫流行国家或地区往往由于个体免疫水平下降而出现周期性流行。许多国家由于洪涝灾害，国内家畜市场价格变化，家畜流动模式发生改变，新的病毒株传入等因素均可造成口蹄疫流行。不能仅仅因为本国流行口蹄疫，就不需要应急计划。任何造成口蹄疫流行的原因，都具有危害畜牧业发展、造成重大经济损失的危险，都必须具有相应的应急计划。

（二）应急计划的要求

应急计划的目的是能对紧急情况作出快速、有效的反应，因此要求：

1. 快速报告　如果基层兽医工作者保持高度警觉，就能对即将发生的流行迅速作出反应。如果饲养人员也能保持高度警惕，更有利于快速报告。例如其他国家或地区的家畜和他们自己的家畜发了混群,应及时报告并保持警惕,直至确定本群动物未感染口蹄疫。对于一个国家来说,全体兽医应当了解全国的口蹄疫流行状况。在国际上,应有一个快速宣布机构,特别是当疫情向边境地区传播时,向邻国迅速报告口蹄疫流行趋势。

2. 快速反应　必须得到包括资金、运输、通信和疫苗等财力、物力的保障。对于紧急情况最重要的应答是控制家畜流动。家畜流动控制计划在财力有限的情况下是最为有效的措施。家畜流动的主要场所,如家畜市场和屠宰场经常聚集来自不同地区的动物,是口蹄疫迅速传播最危险的场所。

(三)免疫预防接种应急计划的要求

免疫预防接种应急计划则应考虑疫苗价格、病毒血清型和可能遇到的流行毒株,疫苗发送所需资金,产生免疫保护所需时间。如果动物流动得不到有效控制,免疫预防一般不会取得令人满意的效果。

(四)口蹄疫控制措施和应急计划的差别

计划是预先制订的,在决定制订各种计划之前,必须考虑可能会发生什么,损失有多大。而前者是一些合理的控制措施,实施这些措施一般持续时间较长,需数月甚至数年才能实现,为了确保这些措施的实施,应有适宜的疫病控制法律作保障和必要的经费。应提高畜主预见疫病暴发的能力,确保迅速报告疫情,以及在疫病控制中给予有益的合作。同时应提前做好安排,以取得政府各部门,包括警察、部队和海关的支持。

一般在疫病侵入之前,有很多无法预测的情况,很难制订出详细的疫病控制计划。如果能提前制订出恰当的原则和策略,将有助于疫病暴发时迅速采取控制措施。

第三节　口蹄疫的免疫与预防接种

一、动物机体对口蹄疫病毒的免疫机制

动物机体对口蹄疫病毒的免疫应答是依赖 T 细胞的 B 细胞应答。感染或免疫机体在外周血液中有中和抗体并能抵抗同型强毒的攻击,证明免疫应答是 B 细胞参与的,是以体液免疫应答为主的特异性免疫应答。疫苗接种主要诱导产生中和抗体,使病毒对敏感细胞的吸附和穿透能力丧失。这是免疫保护的基础。

近年来的研究发现,细胞介导的免疫反应也有明显作用。细胞免疫主要由一个限制性的病毒亚单位来完成。在初次免疫或感染后,T 细胞增殖不明显,二免后亦是如此,但能产生高水平的中和抗体。只有经过多次免疫或重复感染才可在血液中检测到 T 细胞的增殖效应。研究发现参与 CD_4T 细胞反应的只有 Th_2,而无炎性 T 细胞、Th_1 细胞和细胞毒 T 细胞的协助,CD_8T 细胞反应持久。

对口蹄疫病毒免疫应答的细胞基础还包括具有吞噬作用的与免疫有关的细胞,抗体对病毒的调理作用和吞噬细胞的吞噬作用对于消除感染性病毒具有重要意义。

二、自然感染康复动物的免疫

(一)自然感染康复动物免疫力的形成

自然感染口蹄疫病愈的家畜,可以形成比较坚强的免疫力,对口蹄疫的再次自然感染和人工感染,都能抵抗。但各型病毒产生的抗体,各有其特异性,所以各主型之间毫无交叉免

疫力。一旦其他型口蹄疫病毒再次感染康复动物，动物可再次发病。同一主型的各亚型之间，存在多少不等的交叉免疫力。口蹄疫病毒感染动物产生免疫力很快。感染后 3～5 天，一般在体温下降之后，血清中就能测出中和抗体。当病畜在口腔黏膜上发生水疱时，黏膜组织即开始产生免疫力，当黏膜上烂斑修复时，免疫力已较坚强。在血液中的中和抗体，最早在发病后第五天左右开始出现，至 2～3 周达到高峰。黏膜组织的免疫力消失较早，血液中的中和抗体持续期较长。抗体效价、免疫持续期取决于病毒的免疫特性和被感染动物的状态，如品种、营养状况、年龄等。

(二)自然感染康复动物免疫力的持续时间

康复动物主要的免疫标志是病毒中和抗体，其免疫持续时间：牛不少于 12 个月，长的可达 5～6 年；猪有波动，一般为 6～12 个月，有报道为 1～3 个月；羊为 12 个月。

康复动物血清中产生补体结合抗体的时间为感染后的第五至七天；产生沉淀反应抗体的时间为第七至八天，经过 3 周达最高水平。

三、被动免疫

(一)母源抗体与新生幼畜

新生幼畜通过肠道吸收母乳接受母源抗体(初乳的中和抗体比血清高 10 倍以上)。仔猪可维持 1～1.5 月，犊牛可维持 4～6 月。新生动物被动获得的血清抗体水平取决于动物状态、母源的免疫程序、免疫球蛋白的半衰期。

(二)高免血清及自然患病康复动物的血清

用疫苗反复多次免疫(高免)口蹄疫敏感动物，获得的高免血清、乳清及自然患病康复动物血清或康复动物全血中含有高效价的中和抗体,将这些血清、乳清或全血注射给受威胁的健康动物,这些动物可获得对同型口蹄疫病毒的免疫力,可在 8～12 天内不感染口蹄疫。此方法虽然免疫期很短,但在疫情紧急的情况下,对保护易感幼畜和贵重种畜仍有使用价值。此方法的另外一个缺点是注射剂量较大,大体是按牛体重注射 0.12～0.6ml/kg。

四、口蹄疫疫苗

(一)口蹄疫疫苗研究简介

目前控制和扑灭口蹄疫最有效和最经济的手段是应用安全有效的疫苗免疫预防。早在 19 世纪,人们应用自然患病康复牛的血液和血清给病牛注射作被动免疫,20 世纪 20 年代用牛高免血清进行系统注射,由于应用血清被动免疫保护时间短,不能有效地抵抗二次感染,而逐步被口蹄疫病毒疫苗的主动免疫所取代。口蹄疫疫苗的研究和应用经历了动物组织灭活疫苗、减毒活疫苗、常规灭活疫苗、新型疫苗等不同的发展阶段。

1. 动物组织灭活疫苗　　20 世纪 20～40 年代,用感染的动物组织,如人工感染发病动物的水疱皮、感染豚鼠的组织等用甲醛灭活后,加入氢氧化铝胶佐剂制成铝胶甲醛灭活疫苗。这种疫苗由于制苗材料来源不易,且有灭活不完全等因素,使生产和应用受到限制。

2. 减毒活疫苗　　20 世纪 50～80 年代,把原始毒种通过动物、鸡胚、细胞和人工诱变的途径获得人为的减毒或致弱毒株,经接种制材料,大量扩增病毒后,收集感染组织或细胞培养物,加入一定的保护剂(如甘油)、佐剂(氢氧化铝胶)制成减毒活疫苗。但是,其存在着潜在威胁和固有缺陷。如可造成活毒在畜体或肉品中长期存留,构成疫病散播的潜在威胁,亦有可能出现毒力返强等。鉴于这些情况,欧洲国家于 1964 年停止使用口蹄疫弱毒疫苗,并限制从使用口蹄疫弱毒疫苗的国家进口口蹄疫易感家畜及畜产品。

3. 常规(细胞培养)灭活疫苗 自 20 世纪 70 年代起,随着细胞培养技术的发展和应用,以及对灭活疫苗更深入的研究和实际应用,确立了常规灭活疫苗在疫苗研究和免疫预防中对消灭口蹄疫的主导地位。今天普遍应用的灭活疫苗,能保持其良好的血清学特异性,免疫期可达 4~6 个月。

目前生产和应用的灭活疫苗,在国际上有:Frenkel 疫苗,甲醛灭活的铝胶皂素疫苗,AEI,BEI 灭活的油佐剂疫苗。在国内有:猪 O 型口蹄疫灭活疫苗,猪 O 型口蹄疫灭活疫苗(Ⅱ)、牛、羊口蹄疫 O 型灭活疫苗,牛、羊口蹄疫 O-A 型双价灭活疫苗。

4. 新型疫苗 随着病毒分子生物学的发展,各种新型疫苗研制取得了长足的进展,如口蹄疫的亚单位疫苗、合成肽疫苗、基因工程疫苗、构建活病毒疫苗、病毒嵌合体疫苗、核酸疫苗等。新型疫苗的生产,不需要用活病毒,也不存在病毒灭活不彻底的危险性,这正是它们的新颖之处,但目前尚不具备与常规灭活疫苗竞争的能力。

(1)**基因工程疫苗** 只有 A 型口蹄疫基因工程疫苗试验证明具有相当的效力。

(2)**合成肽疫苗** 该苗比相应病毒诱导的抗体有更好的交叉保护反应,并能诱导抗多种血清型反应的抗体产生。研究表明 O,A,C 3 种血清型的病毒合成肽,在豚鼠的交叉保护性方面,抗肽抗体比中和抗体有更好的保护力。

(3)**构建活病毒疫苗** 该苗已成为人们在口蹄疫病毒新

型疫苗研究中的一个思路。应用重组 DNA 技术,缩短与毒力有显著相关性的 PolyC 片段已被证明不适合于口蹄疫病毒,但进行病毒基因特定位点的缺失突变,极有可能构建此类无害的口蹄疫病毒弱毒株。

(4)抗独特型抗体疫苗 实验表明,针对主要抗原位点的抗独特型抗体具有替代口蹄疫病毒制备疫苗的潜力。

(5)病毒嵌合体疫苗 在口蹄疫病毒嵌合体疫苗的研究中,已制备出含口蹄疫病毒 VP1 抗原表位序列的嵌合体脊髓灰质炎病毒和传染性牛鼻气管炎病毒,经其免疫的部分动物还能抵抗口蹄疫病毒的攻击。

(6)核酸疫苗(DNA 疫苗) 在此之前的疫苗都是用病毒蛋白或致弱病毒制成,而核酸疫苗是用携带免疫原基因的核酸制成的。

目前有许多口蹄疫联苗研究的报道,据认为多价苗、联苗是今后生产口蹄疫疫苗的一个方向。现已有口蹄疫-猪瘟-伪狂犬病三联苗,口蹄疫-布鲁氏菌病二联苗,口蹄疫-水疱病二联苗,口蹄疫-布鲁氏菌病-伪狂犬病三联苗等。

(二)对口蹄疫病毒疫苗毒株免疫原性的要求

疫苗毒株和流行毒株的抗原差异越小(关系越近),疫苗在实际应用中的免疫效果就越好。疫苗毒株是通过对收集的流行毒株毒力、毒价测定,通过对实验动物和制苗细胞的适应性克隆,通过对 146S 完整病毒颗粒有效抗原含量测定,通过对免疫原性、抗原广谱性、VP1 核苷酸序列、氨基酸序列分析等方面进行一系列生物学和免疫学特性研究,从而筛选确定的。流行毒株是疫病流行期间收集的毒株。

口蹄疫病毒的免疫原性很弱,而疫苗的免疫效力与其有效免疫抗原含量直接相关。但是用于制造疫苗的细胞培养病毒抗原中存在着不同的抗原成分,即完整病毒颗粒(146S)、空衣壳(75S)、病毒蛋白亚单位(12S)和病毒感染相关抗原(VIA,4.5S),其中有免疫原性的重要抗原仅有146S和75S两种。146S完整病毒颗粒是口蹄疫疫苗中的主要保护性免疫组分,有些口蹄疫病毒株的细胞培养病毒中虽然存在空衣壳75S抗原,但其诱导中和抗体应答的水平及抗强毒攻击的保护性不如146S颗粒,而且在疫苗中含量很低且不稳定。12S和VIA抗原几乎不能诱导中和抗体应答,由于12S的免疫原性仅是146S的1%,因此在疫苗的免疫效力方面几乎不起作用。为提高疫苗免疫效力为目的的高效疫苗,筛选确定的制苗毒株,所制造的疫苗中含有较高浓度的146S有效免疫抗原。

(三)口蹄疫疫苗的应用

在制订预防和控制传染病的计划中,使用疫苗无疑是最成功的措施之一。疫苗接种作为特异性预防的可靠工具和有效手段,在口蹄疫的防制中已被广泛使用,收到了显著成效。目前在大部分国家和地区应用。如在有口蹄疫流行的国家,每年都要进行有计划的免疫预防接种;在无口蹄疫流行或已消灭了口蹄疫的国家,也储备一定数量的疫苗。受口蹄疫威胁的国家除进行严格的进出口检疫外,对边境地区亦进行定期的疫苗预防接种,建立边境免疫带。因此,高质量且安全有效的口蹄疫疫苗,不但是决定疫苗接种效果的关键,也是成功地预防和控制以至消灭口蹄疫的先决条件。

应用安全有效的疫苗免疫预防,是目前控制和扑灭口蹄疫最有效和最经济的手段。现常用的疫苗有各血清型的灭活疫苗、多价灭活疫苗和联苗。弱毒疫苗由于毒力与免疫力之间难以平衡,且存在较严重的安全性等问题,因此,除在指定的个别边境地方和区域进行少部分生产和应用外,其他各地均使用灭活疫苗。

为了预防口蹄疫和防止国外口蹄疫传入我国,兰州兽医研究所于 1958 年成立了口蹄疫研究室,在疫苗研究方面,经历了从弱毒疫苗到灭活疫苗的不同时期。该所研制成功的灭活疫苗品种有:牛 O 型口蹄疫灭活疫苗、猪 O 型口蹄疫灭活疫苗和猪 O 型口蹄疫灭活疫苗(II)等。其共同特点为:①选的制苗毒种致病力强、抗原性好。制苗材料为 BHK-21 传代细胞,产量高,适于规模化生产。②选用的灭活方法可靠,对抗原损伤较小,对家畜毒副作用小。③矿物油乳剂作为疫苗佐剂,疫苗免疫效力高。④疫苗为乳白色或淡红色,略带黏滞性(W/O/W)的均匀乳状液体。

有关灭活疫苗的应用,包括理化性状、保存、运输及免疫程序等内容,可参见附录五。

五、口蹄疫疫苗预防接种

(一)预防接种的意义

预防接种是在健康动物群中尚未发生口蹄疫之前,定期有计划地对健康动物进行的免疫接种。动物经免疫接种后,通过 2～4 周可使其在免疫期内产生坚强的免疫力,从而可防止口蹄疫的传染。

预防接种应根据本地疫病流行情况和发病季节,按照免疫程序制订相应的防疫计划,在疫病流行前适时、定期地进行预防接种。如在已发生疫病的地区,为了迅速扑灭疫情而对尚未发病的动物进行临时性免疫接种,以保护受威胁的动物免受传染,称之为紧急接种。对疫区和受威胁区内的健畜进行紧急接种,可在受威胁地区的周围建立免疫带以防疫情扩展。康复血清或高免血清用于疫区和受威胁的家畜,可控制疫情和保护幼畜。

发生口蹄疫的地区和受威胁的地区,对牛、羊、猪进行预防注射,按免疫程序进行,直至消灭口蹄疫后,还要继续注射2～3年疫苗。有传入口蹄疫危险的国境地区,应经常注意疫情。每年给牛、猪、羊实行定期预防注射,建立免疫带,防堵口蹄疫从国外传入。

免疫接种是预防口蹄疫的重要环节,视需要可采取普遍接种、隔离接种及围圈接种等方式。接种前,必须了解当时当地的口蹄疫病毒的血清型或亚型。在口蹄疫呈地方流行性或流行性发生的国家和地区,用扑杀病畜和可疑病畜来控制本病代价太大,实施起来矛盾和困难很多,常常在采取综合防制措施的同时,用疫苗接种来控制传染,并防止新的血清型或亚型毒株的传入。免疫接种时,效果最理想的疫苗是用当时当地流行的野毒株或使用与暴发疫情关系密切的亚型毒株制造灭活疫苗,有时还需要使用多价疫苗。很多国家应用牛、猪口蹄疫灭活疫苗预防本病,取得了较好的免疫效果。而在一些已消灭了口蹄疫的国家,已停止使用疫苗,以减少疫苗带毒的危险性。

(二)防疫计划的制订

科学安排、严格落实对所有易感动物的疫苗预防接种,以及随后的加强免疫,避免重复接种、漏种、错种,确保对疫区、受威胁区易感动物用最少的人力和疫苗,在最短的时间里完成免疫接种,并收到最好的免疫效果,需靠周密的防疫计划来实现。

疫苗的使用效果,主要取决于有效疫苗的生产和供应,疫苗毒株与流行毒株血清型的一致性,预防注射的有效管理,以及免疫密度不得低于80%等方面的因素。达到这些指标,就能成功地控制或消灭口蹄疫。因此，口蹄疫的防疫工作，应列入各级农牧部门的防疫计划，组织好疫苗、器械的供应及防疫注射的督促、检查和评比等项工作。

开展计划免疫要制订免疫方案、收集资料、建立免疫档案，做到有目的、有组织、有计划、有重点地开展预防接种工作。为此，需要建立和使用接种卡、做特殊耳号和标记等。

制订防疫计划应考虑的主要因素有：①本辖区及毗邻地区口蹄疫等传染病的流行特点。②受侵害的家畜种类及生产、饲养管理方式及市场贸易、屠宰加工方式和流通状况。③本地区的自然条件，如气候、地理地貌、河流流向、湖泊、涝池分布、交通运输以及民俗民风等。

根据动物生活周期、疫苗效力、免疫持续期，制订出实际需要和可能相结合的免疫程序。按照免疫程序，在不同时间对不同种类和品种的家畜进行预防接种。例如，牛的生命周期长，几年至十几年不等；猪的生命周期较短，除了种猪能生活几年之外，一般只有半年到 1 年时间。对于牛来说，一生需要接种几次口蹄疫疫苗，而猪则 1 次就够了。因为猪的周转太快，为了达到要求的免疫密度，养猪业发达、技术水平高的地区组织春、秋两季或春、秋、冬 3 季防疫接种和窝边注射等。否则，有的猪从出生到出栏上市，可能 1 次也没有免疫接种。防疫注射之后发给防疫注射卡，将来家畜出栏，凭免疫卡进入流通领域。

有的疫苗效力较差，免疫持续期较短，家畜在接受第一次抗原刺激时，产生抗体较慢、较少，称之为基础免疫。只有经过第二次免疫接种，才能又多又快地产生抗体。一般 1 周左右可达抗体高峰，抗体较初次免疫可提高 1～2 个滴度，而且持续时间也长。第一次免疫产生免疫记忆，第二次抗原刺激产生二次免疫应答。基础免疫产生的免疫记忆,可以在第一次免疫之后短时间内、也可以在数月或几年之后,通过二次抗原刺激使之再现。因此,有的疫苗每年或几年再接种 1 次,以取得最佳免疫效果,称为加强免疫。

当毗邻地区发生口蹄疫时,为了自身安全,免疫计划可以提前实施或在边界地区接种,以形成最少 10 公里宽的免疫带。

(三)疫苗免疫注意事项

1. 应用与流行毒株同型的疫苗免疫　口蹄疫疫苗的毒型必须与流行毒株的毒型相一致,否则将不能产生对流行毒株的免疫力。

2. 防范重点　大型养猪、养牛基地(场)、中心城市周围、交通干线两侧以及边境地区是口蹄疫的防范重点。

3. 严格执行疫苗冷链管理制度　疫苗宜用冷藏运送,或用飞机、火车尽快运往使用地点,运输和使用过程中,应避免日光直接照射。疫苗必须保存在 4℃～8℃,不宜冻结。注射疫苗前必须对参加人员予以技术培训,严格遵守操作规程。

4. 严格按照疫苗说明书进行操作　使用前必须核对疫苗的种类与被免疫的动物,检查疫苗瓶完好与否,了解免疫注射剂量、注射方法以及免疫禁忌。

5. 先做小量接种预试　为了安全使用疫苗,避免因严重反应造成不必要的经济损失,每批疫苗在大面积注射之前,都应选隔离条件好、便于观察的地方做疫苗小试,确认安全可靠时,再进行大面积预防注射。

6. 采用由外向内的环形注射法　发生疫情时,在疫点、疫区和受威胁区使用疫苗防制口蹄疫,疫苗注射顺序必须先从安全区到受威胁区,然后注射疫点、疫区的家畜。在疫点、疫区也要先从尚未感染的健康畜群开始。发病畜群中的无症状畜为可疑畜,首先将它们与病畜隔离开,而后注射疫苗。可疑畜在注射疫苗前如果确已处于潜伏期,则注射疫苗可能促使其发病,这一点事前应向畜主说清楚,以免引起不必要的误解。

7. 做好被接种家畜的初期隔离工作 在疫区和受威胁区注射口蹄疫疫苗,所有接受免疫的家畜,在形成免疫力前应至少隔离 14 天,防止受感染。即使受到感染也能阻止疫病传播。在牧区,应划定小块放牧区,在限定区域里放牧 14 天,防止感染。注射疫苗的牛若有口蹄疫临诊反应,必须立即隔离,按病牛进行处理。

8. 防止接种器械传播疫病 为了防止器械传播疫病,在疫点最好 1 头家畜用 1 套注射器,如果注射器不够用,至少应做到 1 个栏 1 个针管,1 头家畜 1 个针头。

9. 防止工作人员传播疫病 处理病畜的兽医和其他人员,不应再参加安全畜群的防疫注射工作,以防传播疫病。如果必须参与工作,则一定要另换工作服、鞋、帽,手、脚彻底消毒后方可进行操作。保定牛时,不要手抓鼻中隔,防止把处于潜伏期牛的病毒通过保定员的手传给健康牛。

10. 限制被接种家畜的流动 家畜在非疫区注苗后,须经 21 天方可移动或调运。

11. 做好防疫注射登记与统计工作 注苗过程中,须有专人做好记录,写明省(区)、县、乡(镇)、自然村、畜主姓名,家畜种类、大小、性别、注苗头数和未注苗头数等。在安全区注苗后,对注苗动物安全性观察 7～10 天,详细记载有关情况。

12. 对注射疫苗副反应的处理 动物经接种后,在一定的时间内(1～3 天),机体可能会发生接种反应。局部反应是在接种部位出现炎症反应(红、肿、热、痛),全身性反应则有体温升高、食欲减退、产乳量降低等全身症状。上述反应都属正常现象,只要加强饲养管理,给以适当的休息,几天后反应即可消失。若反应严重,则应对症治疗。个别动物由于个体差异可能会发生变态反应,引起全身症状,甚至突然死亡,应在注射时及注射后密切观察,对症施用抗变态反应药物(如肌内注射肾上腺素等)。

13. 采取综合防制措施 由于口蹄疫流行的特殊性,疫苗接种只是防制口蹄疫的多种措施之一。因此,在预防接种的同时,还应进行封锁、隔离、检疫、消毒等综合防制措施。

第四节 口蹄疫的检疫

对动物及动物产品的检疫,是发现口蹄疫疫情和防止疫情传播的重要手段,也是口蹄疫预防和控制的主要措施之一。家畜及其产品生产、经营单位必须按照《中华人民共和国动物防疫法》接受检疫检验。有关家畜及其产品的进出口检疫按照《中华人民共和国进出境动植物检疫法》的规定执行。

口蹄疫的检疫方法主要有产地检疫、市场检疫、屠宰检疫和运输检疫。加强检疫队伍的管理和提高人员素质,对检疫人员要进行业务培训,建立有效的监督制约机制,保证检疫质量,特别是要加强对家畜及其产品运输的检疫。

一、产地检疫

家畜出售前,必须由当地动物防疫检疫机构或其委托单位实施产地检疫,并出具检疫证明,以保证上市家畜无特定疫病。

动物及其产品，在县境内流通的，由当地农牧主管部门动物防疫检疫机构或其委托的单位实施检疫。凡有条件到饲养户和饲养单位检疫的，应到饲养户和饲养单位检疫，条件不具备的，到省、自治区、直辖市人民政府规定的地点检疫。

（一）疫区动物及其产品

出售、采购动物及其产品，必须是非疫区临诊健康的。封锁的疫区和解除封锁 30 天以内的疫区，不得出售、采购、运出易感动物及其产品。

（二）旧疫区动物及其产品

在口蹄疫的旧疫区采购及运出牛、羊、猪等易感动物，必须是临诊健康的，并有免疫证明，方可发给产地检疫证明，允许进入流通领域。

（三）动物产品交易须有检疫等证明

动物产品在县内或两县交界地区交易的，须有防疫检疫部门或其委托单位出具的产地检疫证明、消毒证明，胴体加盖验讫印章。

（四）检疫不合格动物及其产品的处理

经检疫不合格的动物及其产品，由货主在动物检疫员的监督下做防疫消毒和其他无害化处理（见附录三），无法做无害化处理的，予以销毁。

二、市场检疫

到市场出售的动物及其产品，由动物防疫检疫人员在市场就地检疫。检疫合格后，进入交易区。凡无检疫证明、免疫证明，或检疫证明过期、或物证不符合的，应予补检、补注疫苗，补发证明后进入交易区。

上市交易的肉类须有检疫证明，胴体加盖验讫印章，否则不准上市交易。

对于在市场上经营肉类的店铺、摊点,要会同工商人员检查经营许可证、兽医卫生许可证,销售的货物是否有检疫证明、验讫印章,头、蹄是否有口蹄疫特有的溃疡斑痕,是否是病、死动物的肉品,有没有异味、腐败变质等。

市场发现出售病、死动物及其肉品,动物卫生检疫员、监督员有权没收、销毁或责令货主做无害化处理、场地消毒,对当事人进行批评或处罚。

禁止从疫区购买、运出动物及动物产品。当地县级以上农牧部门有权对疫区有病动物及其同群动物采取扑杀、销毁等防疫措施。

动物卫生监督检验机构对违禁动物、动物产品及有关物品做出的控制或无害化处理决定,当事人必须立即执行,拒不执行的,由做出处理决定的动物卫生监督检验机构申请人民法院强制执行。

三、屠宰检疫

国家对生猪等动物实行定点屠宰、集中检疫。

省、自治区、直辖市人民政府规定本行政区域内实行定点屠宰、集中检疫的动物种类和区域范围。具体屠宰场点由市、县人民政府组织有关部门研究确定。

动物防疫监督机构对屠宰场(点)屠宰的动物实行检疫并加盖动物防疫监督机构统一使用的验讫印章。国务院畜牧兽医行政管理部门、商品流通行政管理部门协商确定范围内的屠宰厂、肉类联合加工厂的屠宰检疫,按照国务院的有关规定办理,并依法进行监督。

机关、单位、农民个人自宰自食的生猪等动物的检疫,由省、自治区、直辖市人民政府制定管理办法。

屠宰厂、肉类联合加工厂生产的动物产品由厂方实施检疫检验。但是必须得到农牧部门的委托证书。农牧部门有权进行监督检查。根据监督检查发现的问题，可以向厂方或其上级主管部门提出建议或处理意见，并有权制止不符合检疫要求的畜产品出厂。农牧部门为执行监督检查任务，可在屠宰厂派驻兽医。

其他家畜屠宰、加工单位和个体户所屠宰的动物、加工的动物产品，由所在地农牧部门动物防疫检疫机构或其委托的单位实施检疫检验。肉食企业必须做好动物进仓检疫，随到随检。肉联厂、屠宰场（点）屠宰动物必须做宰前检疫。宰前预先通知检疫人员或委托单位，有宰必检。发现口蹄疫病畜，立即向当地农牧部门报告，按扑灭口蹄疫疫点或疫区的办法彻底消灭口蹄疫。宰前发现其他染疫动物，送急宰间或按有关规定处理。

有条件的肉联厂、加工厂，可以按加工工序设置检疫人员，每个岗位进行细致的专项检查。屠宰量大、检疫人员不足时，检疫人员到车间随加工过程逐项检疫，以便随时发现问题，及时处理。禁止远处望一望，或者宰后肉品堆成一大堆，看一眼便轻率下结论，随意开启检疫证明等不负责任行为。更不可等到肉品进入市场之后才做检疫。因为患口蹄疫的动物，宰后胴体去掉了头、蹄等出现明显病变的部位，其肉尸与正常家畜毫无区别，很难识别。

动物产品出厂或上市销售时，货主必须携带检疫证明，动物胴体必须加盖验讫印章。

四、运输检疫

种用、乳用、役用动物以及运出县境的动物,其出售前的检疫,须在启运前由当地县级以上农牧主管部门动物防疫检疫机构或其委托单位实施检疫,出具动物运输检疫证明。

运出县境的动物、动物产品,货主须分别持有动物运输检疫证明、动物产品检疫检验证明,运输单位和个人凭上述证明承运。

为了控制、扑灭口蹄疫等重大动物疫病,根据动物防疫法,必要时应设立道路检疫站、消毒站,或经省、自治区、直辖市人民政府批准,设立临时性动物防疫监督检查站,执行监督检查任务。

交通要道建立的检疫站或临时性检疫消毒哨卡,必须有专人负责,并设置消毒设施,监视动物、动物产品的移动,对出入的有关人员、车辆进行消毒。

道路检疫站、消毒站对于控制和消灭口蹄疫有着举足轻重的作用,其目的是发现疫情和防止疫情扩散,保护畜牧业健康发展。

运输检疫中对口蹄疫的检疫方法如下:

(一)动物群体检查

让动物保持安静,观察它们的姿势、体态、精神、营养状况、呼吸、反刍等,看口、鼻、鼻端、蹄部、乳房等处有无水疱、溃疡、水疱愈后斑痕、流涎等。

(二)动态观察

检查家畜对光、声等的反应,有无跛行、卧地不起等症状。

(三)个体检查

根据群体检查结果,对可疑动物进行重点检查,开口检查唇、齿龈、舌部是否有水疱。必要时采病料做实验室检查，最后确诊是否为口蹄疫或其他传染病。

（四）动物产品检查

自口蹄疫疫区来的动物产品，特别是个人携带有可能被口蹄疫病毒污染的肉品返乡，是传播口蹄疫的重要途径。查堵工作非常棘手，人员来往的时间不定，路线不定，人多面广，带的肉品数量不多，不易发现，查堵困难。要利用一切传媒，讲清利弊，动员、劝阻他们不要从疫区往回带不安全肉，必要时由公安部门配合进行检查。

五、检疫处理

对检疫中发现的病、死动物的处理，必须按《畜禽病害肉尸及其产品无害化处理规定》、食品卫生法、环境保护法等有关法规处理。

（一）运输途中的动物

无运输检疫证明的或者物证不符的，经检验无任何临诊症状，健康、营养状况良好的，查明原因，对货主进行指导或批评教育，可以补发检疫证明。

（二）运输途中的动物产品

运输途中的畜产品，货主没有检疫证明、胴体没有验讫印章的不予重检，不补发检疫证明，责令货主退回原发货单位。

运输途中的毛、皮、骨、角等动物产品，货主没有运输检疫证明或物证不符，但是没发现染疫痕迹的，应指导货主进行消毒处理，严密包装，然后签发运输检疫证明。

（三）途卸和市场动物及动物产品的处理

严格途卸以及市场收缴病、死动物和动物产品的管理工作，凡疑似或确诊为口蹄疫的动物应立即急宰，其同群动物亦应全部屠宰,尸体销毁,血液、头、蹄、骨、角高温处理。来源于疫区的皮、毛等必须经过消毒。

第五节 消 毒

一、消毒的意义及方法

(一)消毒的意义

防疫工作中,消毒的目的是将传染媒介上的病原杀灭。为了防止病原扩散和预防疫病流行,就必须及时地做好消毒工作。所以,口蹄疫的消毒是贯彻预防为主方针的重要手段之一。消毒在口蹄疫防制中应该贯彻于整个工作的始终。消毒只有同其他各项预防措施结合进行,才能达到防疫灭病的目的。

口蹄疫消毒的对象包括病畜及其排泄物和一切可能被病毒污染的场地、器具、圈舍、畜产仓库、肉品冷藏的地点、皮毛产品、车船运载工具等。

(二)消毒的方法

消毒的方法有物理、化学和生物学消毒法 3 种。

物理方法是利用热、光、电离辐射、微波等技术杀灭微生物。口蹄疫病毒对环境因素比较敏感,各种物理方法如火焰、煮沸、高压蒸气等都可将口蹄疫病毒杀灭。

化学消毒是用化学药品消毒剂进行的消毒。应用于口蹄疫消毒的消毒剂按其成分和作用方式可分为如下几类:①氧化剂类,如过氧乙酸等。②卤族化合物,如氯制剂、碘制剂、溴制剂。③酸类,如柠檬酸、复合酚等。④碱类,如烧碱液等。依据消毒的场所、对象不同,可选用不同种类的消毒剂。

生物消毒是利用微生物发酵产酸、产热达到消毒的目的。

在口蹄疫防疫工作中,消毒常常以化学消毒为主,结合物理消毒和生物消毒。

二、几种常用消毒剂的使用方法

(一)甲 醛

1. 主要特性 甲醛具有消毒效果良好、价格便宜、使用方便的优点。含 40% 甲醛溶液又称福尔马林,为无色透明液体,有刺激性气味,能与水和乙醇任意比例混合。9℃ 以下存放容易发生聚合,形成白色沉淀。甲醛无论在气态或溶液状态下,均能凝固蛋白质,溶解类脂,还能与氨基结合而使蛋白质变性。因此具有广谱杀菌作用,对细菌繁殖体、芽孢、真菌和病毒均有效。室内、装具可用甲醛蒸气消毒。

2. 消毒方法 每立方米空间用甲醛溶液 20 ml,加等量水,然后加热使甲醛变为气体。熏蒸消毒必须有较高的室温和相对湿度,室温一般不低于 15℃,相对湿度 60%～80%,消毒时间为 8～10 小时。

2% 水溶液可用于地面消毒,用量为每 100 平方米 13 毫升。

3. 注意事项 消毒后甲醛常留有强烈的刺激性气味,特别是对眼睛和鼻黏膜的刺激使人难以忍受。用多聚甲醛配制的 10% 甲醛乙二醇溶液、10% 甲醛甘油溶液和 10% 甲醛丙二醇溶液可消除甲醛刺激气味。这些甲醛的有机溶液用水作 1∶10 稀释之后,仍表现较好的杀菌、杀芽孢活性。

(二)环氧乙烷

1. 主要特性 环氧乙烷是广谱、高效、穿透力强、对消毒物品损害轻微的消毒灭菌剂。国外,尤其欧美国家,广泛使用环氧乙烷消毒医疗器械、各种织物、塑料制品、皮毛制品等。在我国,环氧乙烷已用于诊疗器材、传染病疫源地、毛皮制品、医药工业和食品工业的消毒工作。环氧乙烷在低温下为无色透明液体,在常温下为无色气体,能以任意比例与水混合,也溶于大部分有机溶剂和油脂。环氧乙烷自身是一种有机溶剂,能溶解某些塑料。

2. 消毒方法　皮张、鬃毛等产品存放于密闭空间,按 $0.4kg/m^3$ 量投药。产品的堆叠应有一定间隙,便于放入投药管道。投药时气温不应低于 $10℃$,且应保持一定湿度(不低于 30%)。投药前应排出容器内的空气,形成负压而利于药品蒸气的扩散。投药后密闭 24 小时即可打开容器,取出产品。

3. 注意事项　由于环氧乙烷易燃、易爆,对人有一定的毒性。因此,在贮存与使用时严禁能产生火花的一切操作,加热环氧乙烷存贮器只能用热水浴。工作人员若发现头晕、恶心、呕吐等中毒症状,要立即离开现场,到通风良好处休息,重症者要马上送医院就医。

(三)过氧乙酸

1. 主要特性　过氧乙酸为无色透明液体,有很强的醋酸味,易溶于水和有机溶剂。过氧乙酸的消毒作用主要依靠它的强大氧化能力杀灭病原微生物。它既有酸的特性,又具有氧化剂的特点,因此,它的杀菌作用远较一般的酸和氧化剂强。本品的主要特点是消毒范围广,对各种细菌繁殖体、芽孢、真菌、病毒有很强的杀灭效果。低浓度时能有效地抑制细菌、真菌繁殖。过氧乙酸挥发性强,有刺激性气味,具有腐蚀性,加热或遇各种有机物、金属杂质等迅速分解。高浓度时遇热可能发生爆炸,2%以下无此危险。低温条件下,适当提高浓度,仍保持良好的消毒能力。一般市售的过氧乙酸浓度为 $18\%\sim19\%$,也可用冰醋酸和过氧化氢自己配制。

2.消毒方法

(1)浸泡消毒　　过氧乙酸浸泡消毒是一种简单而常用的方法,药物能充分接触物体,消毒效果确实可靠。凡耐腐蚀的物品,可用此法消毒,如塑料、玻璃、搪瓷和橡胶制品的浸泡消毒,过氧乙酸浓度为 0.2%～0.4%,浸泡时间为 2～120 分钟。0℃以下消毒,加醇类防冻液。

(2)喷雾消毒　　适用于大件物品和建筑物消毒,如试验室、无菌间、仓库、畜舍、饲槽、车辆等的消毒。0.1%～0.5%的过氧乙酸喷雾,能杀灭 A 型和 O 型口蹄疫病毒。喷的雾滴愈小愈好,并密闭 1～2 小时。喷雾器最好是塑料或尼龙制品,以免腐蚀损坏。

(3)熏蒸消毒　　自然挥发、加热蒸发均可,剂量按 1～2g/m³ 计。如为自然挥发、化学药物催化蒸发可用 20%高浓度过氧乙酸,若系加热蒸发宜用低浓度的,以保证安全。

(4)温度、湿度对消毒作用的影响　　一般情况下,当温度在 15℃以上,相对湿度为 70%～80%时,室内熏蒸消毒用药量 1g/m³,作用 60 分钟,可使细菌繁殖体、病毒、细菌毒素污染减少,达到消毒目的。对细菌芽孢,需要 3g/m³,作用 90 分钟。低温 0℃～5℃,只有将湿度提高到 90%～100%,用 5g/m³,作用 120 分钟左右,才能达到消毒目的。如按 1g/m³ 投药,以高锰酸钾为催化剂,使其产生过氧乙酸蒸气,对口蹄疫 A 型和 O 型弱毒株以及猪水疱病病毒进行消毒,在常温和低温－28℃密闭 1 小时,都能达到消毒目的。

3.过氧乙酸配制方法　　过氧乙酸溶液应现用现配,有条件的地方尽量用蒸馏水或无离子水配制,切不可用硬水,以保证有效药物浓度。保持适宜环境温度,充分发挥过氧乙酸的消毒作用。宜用非金属容器配制过氧乙酸溶液,切忌在水泥池里操作。为了减少过氧乙酸挥发,容器要加盖,但是盖子不可封闭太严,防止发生爆炸。在0℃以下使用则需加醇类抗冻剂以防冻结。

(1)方法一　将50ml过氧化氢放入一干净容器中(玻璃或塑料瓶),加入30ml冰醋酸,再加入0.5ml硫酸,摇动1~2分钟,在室温下静置48~72小时,可生成14%左右的过氧乙酸。

(2)方法二　取冰醋酸(97%~98%工业品)140ml,加纯硫酸2.1ml,搅拌均匀后加过氧化氢(30%~40%工业品)60ml,继续搅拌4小时,室温下静置24~48小时,即生成浓度为18%~19%的过氧乙酸。

(3)方法三　取冰醋酸300ml,加入浓硫酸15.8ml,搅拌均匀后,加入过氧化氢150ml,室温下静置72小时,可生成18%过氧乙酸。

(4)方法四　取冰醋酸140ml,加浓硫酸7.1ml,混匀,加30%过氧化氢70ml,摇4小时,过夜,生成16%~20%的过氧乙酸。

4. 低温条件下消毒剂的配制方法　冷库、冬季的车船等一般消毒药物容易结冰,难以发挥作用。在低温环境如何对口蹄疫病毒进行消毒,兰州兽医研究所通过室内外多年的试验,证明了过氧乙酸在常温下,不论喷雾、浸泡或是气体熏蒸都能杀灭口蹄疫的各型的强弱毒株,并且摸索出了低温下喷雾、浸泡、熏蒸消毒的抗冻溶液的配制方法和低温下化学药品催化气体熏蒸的消毒方法。实验证明,醇类对过氧乙酸不仅是增效剂,而且是抗冻剂,其含量与抗冻范围见表6-1。

表 6-1 醇类抗冻剂的含量与抗冻范围

抗冻温度	0℃	−10℃	−20℃	−30℃	−40℃
乙醇含量	10%	20%	30%	40%	60%
乙二醇含量	5%	25%	36%	45%	53%
甲醇含量	5%	15%	20%	33%	—

5. 注意事项　过氧乙酸的制备、贮存应使用聚乙烯瓶，切勿与其他药品、有机物等随意混合，以防腐蚀金属制品、分解或爆炸。本品以低温保存为宜。高浓度药液腐蚀性和刺激性很强。在配制消毒液时，谨防溅到眼里或皮肤、衣服上。不慎溅及，应立即用水冲洗。配制时最好用清洁水或无离子水。因金属离子和还原性物质可加速药物分解。稀释之后的过氧乙酸分解较快，应在临用前配制，用多少配多少，稀释液不宜长期存放。用过氧乙酸浸泡消毒的物品，消毒后应尽快用大量清水冲洗干净。熏蒸消毒对物品损害较小。应注意，本品有漂白作用。

（四）氨　水

1. 主要特性　口蹄疫病畜粪便是重要的传染源，粪便的无害化处理不仅是防疫灭病的需要，而且有提高农肥质量的作用。其他的化学药品作无害化处理弊端较大，生物发酵热处理虽然可行，但因表层不易发酵而达不到消毒目的，且费时较长。采用碱性的速效农肥氨水进行污染粪便的消毒，不仅缩短了消毒时间，而且对增强肥效有益，易为基层采用。

2. 消毒方法　可选用化学试剂氨水（含量为 25%~28%）或农用化肥氨水（含量在 5%~20% 之间），将污染的粪便用氨水喷洒拌匀后堆积压实,表面用未污染的粪便或沙土覆盖 3～5cm,堆放 5 天以上,即认为无害。试验证明,18℃以上用 1%氨溶液,15℃～18℃用 2%氨溶液,8℃～11℃用 3%氨溶液,0℃～8℃用 5%氨溶液,均可于 6 小时内杀死粪便内的病毒。

3. 注意事项　可用 2%硼酸水溶液浸湿口罩以中和氨水的气味,防止对人的刺激。

(五)烧　碱

为白色块状、棒状或片状结晶,易溶于水和酒精,极易潮解。在空气中易吸收二氧化碳形成碳酸钠。因此,烧碱应密封保存。烧碱能溶解蛋白质,破坏病原体的酶系统和菌体结构,对机体和用具等有腐蚀作用。烧碱的消毒作用主要取决于氢氧离子浓度及溶液的温度。一般使用浓度为 2%水溶液。

(六)新鲜草木灰

新鲜草木灰含有氢氧化钾和碳酸钾,其作用与烧碱相同。无论农区、牧区,其来源非常广泛,如牛粪或羊粪燃烧之后的灰渣等。

草木灰汁的配制方法是将新鲜草木灰和水按 1∶5 混合,充分搅拌,熬煮沸腾 1 小时,自然沉淀,取上清液,或用筛子滤出灰汁。这种草木灰汁含有 1%的苛性碱成分,消毒力相当强。露天存放的草木灰或陈旧的草木灰,容易失去消毒能力,存放 3 个月的草木灰,可以再煅烧 1 次,然后使用。

(七)生石灰(氧化钙)

刚出窑的生石灰质量较好。生石灰易吸水潮解吸收空气中的二氧化碳,逐渐变为碳酸钙而失效。氧化钙与水混合时生成氢氧化钙(消石灰),放出大量的热,起消毒作用。消毒作用大小与解离的氢氧离子多少有关。本品对大多数繁殖体型病原微生物有较强的杀灭作用,但对炭疽芽孢无效。由于它的来源很广,价格便宜,使用方便,安全可靠,因此使用非常广泛。

一般配成 10%～20% 的石灰乳,通过涂刷厩舍墙壁、畜栏以及地面等进行消毒。也可按氧化钙 12kg 加水 350ml 的比例,生成消石灰的粉末,撒布在需要消毒的地方。消石灰易从空气中吸收二氧化碳变成碳酸钙而失效,应现用现配,或经常更换新品。

(八)漂 白 粉

又称氯石灰。主要成分为次氯酸钙(含 32%～36%)、氯化钙(29%)、氧化钙(10%～18%)、氢氧化钙(15%)的混合物,通常用 $CaOCl_2$ 代表其分子式。白色颗粒状粉末,有氯臭味。漂白粉的稳定性差,在空气中吸收水和二氧化碳而分解。如遇稀盐酸即发生大量氯气。一般条件下保存,有效氯每月可减少 1%～3%。若保存不当,遇日光、热、潮湿等,分解速度加快。例如在密闭容器中 70℃ 5 小时,漂白粉有效氯能分解 32.94%。漂白粉含有效氯 25%～32%,一般按 25% 计算。若低于 15%,不能使用。

漂白粉能溶于水,溶液混浊,有大量沉淀。漂白粉溶于水中形成次氯酸,由于氧化作用和抑制细菌的巯基酶,起到消毒作用。对细菌、病毒、真菌等都有杀灭作用。

三、影响消毒剂作用的因素

(一)消毒剂的性质、浓度和作用时间

各种消毒剂的理化性状不同,对微生物的作用大小也有差异。绝大多数消毒剂在高浓度时作用强,当浓度降低至一定程度时只有抑制作用。浓度如果过高并不一定能提高消毒效力。例如醇类,70% 乙醇的消毒效果最好,过高浓度的乙醇能

使微生物表面蛋白质迅速凝固,反而影响其继续渗入,导致效力降低。消毒剂在一定浓度下,对微生物的作用时间愈长,消毒效果愈强。

(二)微生物的种类与数量

同一消毒剂对不同种类和处于不同生长期的微生物的杀菌效果是不同的。例如,一般消毒剂对结核杆菌的作用要比对其他细菌繁殖体的作用差。因此,必须根据消毒对象选择合适的消毒剂。另外,微生物的数量越大,所需消毒的时间越长。

(三)温　度

一般温度升高,可增强消毒剂的消毒效果。温度每增高10℃,重金属盐类的消毒作用可增加2～5倍。

(四)酸　碱　度

消毒剂的作用受 pH 值的影响。pH 值的变化影响消毒剂的溶解度、电离度以及病原微生物的状态。一般情况下,未电离的分子作用较好。pH 值小于 3 或大于 11 皆能杀死口蹄疫病毒。

(五)有　机　物

环境中有机物的存在,特别是蛋白质能和许多消毒剂结合,严重降低消毒剂的效果。

(六)药物的相互拮抗

由于不同理化性质的两种消毒剂合用时,可能产生相互拮抗,使药效降低,如阴离子清洁剂肥皂与阳离子清洁剂苯扎溴铵共用时,可发生化学反应,而使消毒效果减弱,甚至完全消失。

四、消毒时应注意的事项

(一)不使用过期、无效的药物

选用效果确切的药物、不使用过期失效药物以及对口蹄疫病毒无效的药物(如来苏儿、克辽林、新洁尔灭等)。

(二)不使用相互拮抗的药物

掌握消毒药物的基本化学性质,杜绝同时使用化学性质相反的药物。弄不清化学性质的药物,要单独使用,防止药物相互拮抗。

(三)部分药物需现配

化学性质不稳定、易挥发的药物,最好现用现配。

(四)采用最适药物及作用条件

注意环境温度、湿度,选择最适药物及用药的方式和方法。

(五)消毒时间要充足

消毒时间宁长勿短。除了烧碱等强腐蚀性药品之外,其他消毒药投药后可以不必冲洗。

(六)常规消毒与污染物消毒的方法

在常规消毒时,为了保证药效,应先清扫粪便、积水,后喷洒消毒药物。被口蹄疫病毒污染的粪便、污水等,应先洒消毒药,而且要加大浓度,后清扫,再进行二次消毒。

五、预防性消毒

预防性消毒是在没有明确的传染源的情况下,只是对可能受到病原微生物或其他有害微生物污染的栏舍、场地和物品进行消毒。预防性消毒对消毒剂及消毒方法的要求是能杀死繁殖体型微生物。

无疫情阶段预防性消毒的实施,要结合牲畜进出和日常消毒的卫生措施,定期进行。进出口处一定要设消毒池,并定期更换消毒药液,一般1～2天更换1次,或根据具体情况随时更换,确保消毒效果。饲槽、水槽、水桶、扫帚、手推车等一切用具,应经常消毒,形成制度。

饲养、饲料加工、防疫人员及其他进入饲养场的人员,难免接触过家畜和其他可疑病原微生物污染的物品,进场时如不注意消毒,常常是传染病暴发的祸根,必须引起注意。凡进场直接、间接与动物接触的人,都必须在入口处用肥皂洗手,衣物、鞋和用具也应彻底消毒。此项工作非常重要。要教育饲养、防疫、积肥和饲料加工等人员都要模范地遵守兽医卫生制度,使行为规范化。

针对不同疫情阶段和不同污染对象,实施消毒的方法与步骤不尽相同。在受到传染病威胁时,要加强兽医卫生工作,如加大消毒药剂浓度,增加施药次数等。

消毒用的药物及消毒方式、方法可以因地制宜、因时制宜,由兽医人员选定。

(一)牧区牧场的消毒方法

在牧区因秋末春初转移牧场,交叉放牧或家畜混群,容易暴发口蹄疫和其他家畜传染病。牧场面积辽阔,气候条件恶劣,难以实施人工消毒。预防口蹄疫等传染病的方法,除了做好春、秋两季疫苗免疫接种之外,主要是充分利用高原紫外线强、日照时间长等特点,自然净化草场。但应注意以下几点:

1. 畜群应有序移动 为了合理利用草场,防制疫病,应规定家畜的转移路线。外乡、外村的畜群通过时,也要指定路线,避免交叉混牧。

2. 适当休牧 其他畜群放牧过的草场,应至少休牧1个月,使其恢复生机,自然净化。

3.对新引入家畜应先接种隔离 新购入的家畜应注射疫苗,并隔离观察 1 个月,证明没有疫病时才可混群。

4.圈舍消毒 进出冬圈前后,圈舍都要消毒。

(二)畜舍的消毒方法

畜舍应保持清洁、干燥、通风,寒冬季节注意保暖。为此,要做好日常清扫消毒和保洁工作,形成制度。饲养场和规模化养殖场的家畜要整进整出,不随便混群或从场外引进家畜。

在家畜出栏后或进栏前都要对畜舍进行大扫除,彻底消毒,确保万无一失。

本地区传染病流行期间,受威胁的场门口、畜舍门口要设消毒池。人、畜进出都要消毒。每天清扫粪便,堆积发酵消毒。

圈舍消毒时将家畜赶出圈外,首先清除粪尿,畜舍为土质地面的应铲除一层表土,然后喷洒消毒药液。水泥地面的,清扫粪便之后可直接喷洒消毒药液。畜舍里里外外都要消毒,不留死角,特别是容易被忽视的畜圈墙角和门窗缝隙等处药液都要喷洒到。最好用气体消毒剂进行熏蒸消毒。喷药后畜圈密闭至少 4 小时,然后打开门窗通风,清除残余药物,才能重新放入家畜,以保证消毒药物不损伤家畜。

圈舍附近的阴沟可用漂白粉、生石灰等进行消毒。

牲畜交易市场、屠宰场、畜产品加工厂、冷库等,容易潜藏和散播病毒,应及时进行清理和消毒。

(三)中转站、饲养场的消毒方法

凡经营活畜的单位和个人,必须切实做好经常性的消毒防疫工作。食品公司、外贸公司的中转站、贮养场以及屠宰场的家畜,来自四面八方,容易混入带毒者,引起发病。为了防止疫情发生,应做到以下几点:

1. 建立生产基地　建立生产基地，以保证畜源和质量。来自非生产基地的家畜必须有口蹄疫非疫区产地证明、免疫证、消毒证明。

2. 按产地分栏　按产地分别进仓、栏和装车、装船，尽可能做到不混群。

3. 制定消毒防疫程序　结合实际情况制定切实可行的消毒防疫程序。教育全体员工，人人都要遵守消毒制度，并且采取必要行政措施，保证消毒制度贯彻落实。天暖时，可结合清粪、洗圈、冲凉等生产过程进行药物喷雾消毒，此项操作每天不得少于 1 次。寒冷季节可结合清污进行消毒。消毒药品采用刺激性小、无腐蚀性的。要防止把药液喷到牲畜眼里。冬天须防感冒。

4. 空舍及运输工具的消毒　在进出牲畜前后，空圈、空车、空船先用高浓度药剂消毒 1 次，维持 1 小时，用水冲洗干净，待水干之后，再消毒 1 次。家畜装卸台、车站站台、通道等，每次装卸前后都要消毒。

（四）运输途中的消毒方法

牲畜在运输途中，高度密集，高度接触，有的争强好斗，彼此厮咬，外伤多，吃不饱，喝不上，途中颠簸，不能安稳休息，生活条件急剧恶化，体况下降，如遇病原，很容易发生感染。因此，搞好活畜运输途中的预防消毒，是安全运输的关键举措之一。

1. 饲养、司乘人员的消毒　对司乘押运人员必须明确职责，经常进行业务学习和业务培训，自觉遵守兽医卫生规定。车辆、饲具专用。饲料自带，或在指定地点上料上水，专线供应，不得在沿途随意购用饲料。司乘押运人员须配备专用装备和消毒药械。途经疫区时不得停车，即使停车也不要下车，每次上下车要消毒手、鞋等。返回后对用具和衣物等应进行彻底消毒。

2. 家畜体表消毒 进场家畜要进行体表消毒。各地设立的道路检查站和消毒站,对过往家畜也要消毒。由于各地气候条件差别很大,所以采用的消毒方式很不相同。用药物对家畜体表消毒时,应选用无腐蚀性的药物,浓度不可过高。操作时主要消毒易污染病毒的部位,如四肢、蹄部、腹部、背部等,必须防止饥、渴的家畜误饮消毒药液而引起中毒。

3. 回空车、船消毒 卸车后到指定地点彻底清除粪便和泥污,冲洗干净,不得滞留残粪和料渣。扫净或控干多余的水分,然后进行药物消毒。消毒方法是先里后外,先上后下,药效要确实可靠。

(五)畜粪的消毒方法

家畜粪便、圈内清理出来的泥土、垫草以及剩下的草料等,应堆积在离畜舍较远的地方,用泥土封存好,发酵消毒。

粪便也可用氨水消毒,效果安全可靠。5%氨水对口蹄疫病毒消毒作用较强。5%～10%氨水在5℃～15℃下经8～26小时可杀灭口蹄疫各型强毒株和弱毒株。粪便浸拌氨水,粪堆表面喷洒氨水,再堆积发酵,不仅能消毒,而且还能提高肥力。消毒过程中为了减少氨水对人的刺激,可用2%硼酸水浸湿口罩或佩带市售防氨口罩。

(六)皮毛的消毒方法

传统的消毒方法是用福尔马林加高锰酸钾进行熏蒸消毒,现常用环氧乙烷熏蒸消毒。环氧乙烷穿透性强,不损害物品,不残留,消毒效果可靠。环氧乙烷消毒时必须在闭密环境中进行。实验证明,在18℃以上条件下以0.4～0.8kg/m³的用量能杀灭污染于皮毛的口蹄疫病毒。

(七)泔水的消毒方法

城郊农民常用饭店、宾馆的泔水养猪,应将泔水无害化处理后再供利用。消毒方法:①煮沸消毒,此法安全可靠。②加入适于泔水消毒的消毒剂,如 2‰可食用的柠檬酸、乳酸等,可杀灭口蹄疫病毒,而不影响其利用价值。③发酵处理,泔水发酵产酸,pH 值达到 5 以下,可以杀灭口蹄疫病毒等病原微生物,但应注意防止可能产生的亚硝酸盐使猪中毒。

六、口蹄疫病毒污染物与污染场地的消毒方法

对污染的封锁隔离点要加大消毒药品的浓度(1~2 倍),增加施药次数(每天 1~2 次),认真地对人、畜体表及其接触过的器具进行消毒。对发病区和受威胁的圈舍、车辆、工具等的消毒,务必严格认真。

口蹄疫病毒污染的场地、车、船等运输工具的消毒是防疫工作中的一个重要内容,必须做到:①用药恰当,不使用相互拮抗的药物。药剂浓度要准确,宁高勿低。②消毒时的温度适宜,控制在 5℃以上。时间足够长,宁长勿短。控制湿度,喷雾消毒时宁干勿湿。熏蒸消毒时要有一定温度,便于气体扩散。③车、船、场地、栏舍等暴露的消毒对象,用喷雾或泼洒药液消毒为好。密闭空间则实施熏蒸消毒。消毒对象表面及上下各个角落全部用药液喷洒润湿,达到滴水为度。④为了防止散毒,应先洒消毒液,然后清扫粪便等,再用水洗,晾干后再洒消毒液。

第六节　口蹄疫病畜的治疗

必须指出,如能做到及时发现病畜,及时就地扑杀处理,则无需治疗病畜,这样更有利于就地扑灭本病。这也是直至目前许多国家成功扑灭口蹄疫的重要措施之一。

轻症的口蹄疫病畜,经十几天多能自愈。但是,为了促进病畜早日痊愈,缩短病程,防止并发症和减少死亡,可进行必要的治疗。

目前对本病无特效治疗方法,在做好病畜护理的基础上,可进行对症治疗。

一、加强护理

在护理的方法上要给病畜以安静良好的饲养管理条件,隔离于干燥清洁的圈栏里,使阳光充足,通风良好,垫以柔软的褥草,喂饲软嫩的青草和多汁饲料,饮以清洁的水,这会加快病畜恢复健康。在冬季没有青嫩饲料时,可以多喂青贮饲料,或把干草切短放在锅里加少量盐水蒸煮,使草软化,然后混合麦麸或米糠喂饲。在病畜的身旁放置多量饮水,并加少量食盐或硫酸铜(1桶水中加入1g,约含0.01%左右),让病畜随时饮用和洗漱口腔。症状较重、几天不能吃草的病牛,喂给麸糠稀粥或米汤,防止因过度饥饿使病情恶化,引起死亡。

二、被动免疫治疗

对贵重的耕牛、犊牛,可在发病的初期注射口蹄疫高免血清,降低体温,缓和病势,促进病情好转,尤其在症状出现以前注射血清,可收到良好效果。免疫血清的用量为1ml/kg体重以上。也可注射痊愈血清或全血,但剂量应加倍。如果注射的血清量太少或在病情的极期与后期注射则无效。

高免猪口蹄疫血清、痊愈猪血清和痊愈猪全血均有疗效。痊愈猪经强毒接种 1~2 次,即可制成高免血清。对猪治疗用量,一般高免血清为 1~1.5ml/kg 体重,痊愈猪全血用量加倍,这可防止仔猪发生急性心肌炎,减少死亡,对大猪可防止二期水疱,减轻症状。

三、药物治疗

药物治疗时,可根据患病动物临诊症状,对症治疗。一般常用药物和治疗方法如下:

(一)口腔病变的治疗

对口腔病变的治疗,最常用的药品为收敛性药品。可用 0.1%~0.2%高锰酸钾溶液,1%~2%硫酸铜溶液等洗涤口腔,效果明显。对口腔和舌面的烂斑,常用 10%~20%碘酊甘油溶液,或涂以各种抗生素软膏,如青霉素、土霉素、氯霉素、链霉素软膏等,治疗水疱烂斑,皆能收到明显效果,防止细菌感染,促使溃疡面提早恢复。对大批病牛治疗,使用0.1%~0.2%高锰酸钾溶液洗口腔,可节省经费开支。民间常用稀淡的盐水洗口,再涂以蜂蜜或撒布豆粉于烂斑上,也有很好的效果。

(二)蹄部水疱烂斑的治疗

对蹄部水疱烂斑的治疗,主要防止继发性细菌感染。应将病畜置于地面干燥处隔离饲养,蹄部烂斑糜烂或脓肿者,用水冲洗干净后,可涂以抗生素软膏治疗,或涂以 20%碘酊甘油。用止痛和防止细菌感染药膏收效较快。蹄部水疱烂斑恢复期结痂干燥者,涂以药物软膏,可防止蹄角质干裂或干裂脱壳。

口蹄疫水疱烂斑严重感染或蹄壳裂开有脱壳现象者,涂药膏后可以用消毒布包扎,勿使踏入泥粪中沾染污物,以防继发感染,加重病势。民间常用稻草或用棕树皮制备的蹄靴套起来护蹄,效果不错。对病牛蹄部顽固性和硬性干痂,可涂擦硝酸银棒或稀薄的硝酸银溶液,或涂抗生素软膏治疗,软化硬痂,促进恢复。

(三)放牧时期病畜群的治疗

对于放牧时期的病畜群,可用特制的蹄浴槽洗蹄。在牧地上挖 1 个 5m 长、2m 宽、10cm 深的坑,用不漏水的材料制成蹄浴槽,然后装入 2%硫酸铜,将病牛、羊赶入其中洗蹄子,每天洗 1～2 次,进行消毒治疗。

(四)乳房、乳头等部位水疱溃疡时的治疗

乳房、乳头等部位发生水疱溃疡时,对奶牛要当心挤奶的动作,以减轻疼痛,若乳头的乳道阻塞,必要时可用乳头导管。治疗可用洗涤口腔的消毒溶液洗涤,或用青霉素软膏、10%～20%硫酸铜软膏、台盼黄奴佛卡因(台盼黄 1 份,奴佛卡因 4 份,凡士林 100 份)涂在患处。

(五)有并发症或恶性口蹄疫病畜的治疗

对有并发症或恶性口蹄疫病畜,除了局部消毒治疗外,还可应用强心剂。据报道,口服结晶樟脑,每天 2 次,每次 5～8g,对恶性口蹄疫的病牛曾收到良好的效果,甚至可以预防口蹄疫发展为恶性经过。

(六)其他治疗方法

对病牛还可试用脱脂奶疗法,即将脱脂奶加热到 90℃～95℃,冷却到 37℃时作肌内注射,成年牛可注射 80～120ml,小牛 50～80ml。对体温过高的病牛,还可静脉注射鲁格儿氏液 1～2 次,大牛每次注射 75～100ml,小牛 20～30ml。另外,

也可用乌洛托品 3g,咖啡因 5g,加生理盐水 10～15ml,静脉注射,不见效时可再注射 1 次。

附 录

一、中华人民共和国动物防疫法

(1997 年 7 月 3 日第八届全国人民代表大会常务委员会第二十六次会议通过,并予公布,自 1998 年 1 月 1 日起施行)

第一章 总 则

第一条 为了加强对动物防疫工作的管理,预防、控制和扑灭动物疫病,促进养殖业发展,保护人民健康,制定本法。

第二条 本法适用于在中华人民共和国领域内的动物防疫活动。

进出境动物、动物产品的检疫,适用《中华人民共和国进出境动植物检疫法》。

第三条 本法所称动物,是指家畜家禽和人工饲养、合法捕获的其他动物。

本法所称动物产品,是指动物的生皮、原毛、精液、胚胎、种蛋以及未经加工的胴体、脂、脏器、血液、绒、骨、角、头、蹄等。

本法所称动物疫病,是指动物传染病、寄生虫病。

本法所称动物防疫,包括动物疫病的预防、控制、扑灭和动物、动物产品的检疫。

第四条 动物屠宰,依照本法对其胴体、头、蹄和内脏实施检疫、监督。经检疫合格作为食品的,其卫生检验、监督,依照《中华人民共和国食品卫生法》的规定办理。

第五条 国家对疫病实行预防为主的方针。

第六条 国务院畜牧兽医行政管理部门主管全国的动物防疫工作。

县级以上地方人民政府畜牧兽医行政管理部门主管本行政区域内的防疫工作。

县级以上人民政府所属的动物防疫监督机构实施动物防疫和防疫监督。

军队的动物防疫监督机构负责军队现役动物及军队饲养自用动物的防疫工作。

第七条 各级人民政府应当加强对动物防疫工作的领导。

第八条 国家鼓励、支持动物防疫的科学研究,推广先进的科学研究成果,普及动物防疫的科学知识,提高动物防疫水平。

第九条 在动物防疫工作、动物防疫科学研究中做出成绩和贡献的单位和个人,由人民政府或者畜牧兽医行政管理部门给予奖励。

第二章 动物疫病的预防

第十条 根据动物疫病对养殖业生产和人体健康的危害程度,本法规定管理的动物疫病分为下列三类:

(一)一类疫病,是指对人畜危害严重、需要采取紧急、严厉的强制预防、控制、扑灭措施的;

(二)二类疫病,是指可造成重大经济损失、需要采取严格控制、扑灭措施,防止扩散的;

(三)三类疫病,是指常见多发、可能造成重大经济损失、需要控制和净化的。

前款三类疫病的具体病种名录由国务院畜牧兽医行政管理部门规定并公布。

第十一条 国务院畜牧兽医行政管理部门应当制定国家动物疫病预防规划。

国务院畜牧兽医行政管理部门根据国内外动物疫情和保护养殖业生产及人民健康的需要,及时规定并公布动物疫病预防办法。

国家对严重危害养殖业生产和人体健康的动物疫病实行计划免疫制度,实施强制免疫。实施强制免疫的疫病病种名录由国务院畜牧兽医行政管理部门规定并公布。

实施强制免疫以外的动物疫病预防,由县级以上地方人民政府畜牧兽医行政管理部门制定计划,报同级人民政府批准后实施。

第十二条 国家应当采取措施预防和扑灭严重危害养殖业生产和人体健康的动物疫病。

预防和扑灭动物疫病所需的药品、生物制品和有关物资,应当有适量的储备,并纳入国民经济和社会发展计划。

第十三条 动物防疫监督机构应当加强对动物疫病预防的宣传教育和技术指导、技术培训、咨询服务,并组织实施动物疫病免疫计划。

乡、民族乡、镇的动物防疫组织应当在动物防疫监督机构的指导下,组织做好动物疫病预防工作。

第十四条 饲养、经营动物和生产、经营动物产品的单位和个人,应当依照本法和国家有关规定做好动物疫病的计划免疫、预防工作,并接受动物防疫监督机构的监测、监督。

第十五条 动物饲养场应当及时扑灭动物疫病。种畜、种禽应当达到国家规定的健康合格标准。

第十六条 动物、动物产品的运载工具、垫料、包装物应当符合国务院畜牧兽医行政管理部门规定的动物防疫条件。

染疫动物及其排泄物、染疫动物的产品、病死或者死因不明的动物尸体,必须按照国务院畜牧兽医行政管理部门的有关规定处理,不得随意处置。

第十七条 保存、使用、运输动物源性致病微生物的,应当遵守国家规定的管理制度和操作规程。

因科研、教学、防疫等特殊需要,运输动物病料的,应当按照国家有关规定运输。

从事动物疫病科学研究的单位应当按照国家有关规定,对试验动物严格管理,防止动物疫病传播。

第十八条 禁止经营下列动物、动物产品:

(一)封锁疫区内与所发生动物疫病有关的;

(二)疫区内易感染的;

(三)依法应当检疫而未经检疫或者检疫不合格的;

(四)染疫的;

(五)病死或者死因不明的;

(六)其他不符合国家有关动物防疫规定的。

第三章　　动物疫病的控制和扑灭

第十九条 国务院畜牧兽医行政管理部门统一管理并公布全国动物疫情,也可以根据需要授权省、自治区、直辖市人民政府畜牧兽医行政管理部门公布本行政区域内的动物疫情。

第二十条 任何单位或者个人发现患有疫病或者疑似疫病的动物,都应当及时向当地动物防疫监督机构报告。动物防疫监督机构应当迅速采取措施,并按照国家有关规定上报。

任何单位和个人不得瞒报、谎报、阻碍他人报告动物疫情。

第二十一条 发生一类动物疫病时,当地县级以上地方人民政府畜牧兽医行政管理部门应当立即派人到现场,划定疫点、疫区、受威胁区,采集病料,调查疫源,及时报请同级人民政府决定对疫区实行封锁,将疫情等情况逐级上报国务院畜牧兽医行政管理部门。

县级以上地方人民政府应当立即组织有关部门和单位采取隔离、扑杀、销毁、消毒、紧急免疫接种等强制性控制、扑灭措施,迅速扑灭疫病,并通报毗邻地区。

在封锁期间,禁止染疫和疑似染疫的动物、动物产品流出疫区,禁止非疫区的动物进入疫区,并根据扑灭动物疫病的需要对出入封锁区的人员、运输工具及有关物品采取消毒和其他限制性措施。疫区范围涉及两个以上行政区域的,由有关行政区域共同的上一级人民政府决定对疫区实行封锁,或者由各有关行政区域的上一级人民政府共同决定对疫区实行封锁。

第二十二条 发生二类动物疫病时,当地县级以上地方人民政府畜牧兽医行政管理部门应当划定疫点、疫区、受威胁区。

县级以上地方人民政府应当根据需要组织有关部门和单位采取隔离、扑杀、销毁、消毒、紧急免疫接种、限制易感染的动物、动物产品及有关物品出入等控制、扑灭措施。

第二十三条 疫点、疫区、受威胁区和疫区封锁的解除,由原决定机关宣布。

第二十四条 发生三类动物疫病时,县级、乡级人民政府应当按照动物疫病预防计划和国务院畜牧兽医行政管理部门的有关规定,组织防治和净化。

第二十五条　二类、三类动物疫病呈暴发性流行时,依照本法第二十一条的规定办理。

第二十六条　为控制、扑灭重大动物疫情,动物防疫监督机构可以派人参加当地依法设立的现有检查站执行监督检查任务;必要时,经省、自治区、直辖市人民政府批准,可以设立临时性的动物防疫监督检查站,执行监督检查任务。

第二十七条　发生人畜共患疫病时,有关畜牧兽医行政管理部门应当与卫生行政部门及有关单位互相通报疫情,畜牧兽医行政管理部门、卫生行政部门及有关单位应当及时采取控制、扑灭措施。

第二十八条　疫区内有关单位和个人,应当遵守县级以上人民政府及其畜牧兽医行政管理部门依法作出的有关控制、扑灭动物疫病的规定。

第二十九条　发生动物疫情时,航空、铁路、公路、水路等运输部门应当优先运送控制、扑灭疫情的人员和有关物资,电信部门应当及时传递动物疫情报告。

第四章　动物和动物产品的检疫

第三十条　动物防疫监督机构按照国家标准和国务院畜牧兽医行政管理部门规定的行业标准、检疫管理办法和检疫对象,依法对动物、动物产品实施检疫。

第三十一条　动物防疫监督机构设动物检疫员具体实施动物、动物产品检疫。动物检疫员应当具有相应的专业技术,具体资格条件和资格证书颁发办法由国务院畜牧兽医行政管理部门规定。

县级以上畜牧兽医行政管理部门应当加强动物检疫员的培训、考核和管理。动物检疫员取得相应的资格证书后，方可上岗实施检疫。

动物检疫员应当按照检疫规程实施检疫，并对检疫结果负责。

第三十二条 国家对生猪等动物实行定点屠宰、集中检疫。

省、自治区、直辖市人民政府规定本行政区域内实行定点屠宰，集中检疫的动物种类和区域范围；具体屠宰场（点）由市（包括不设区的市）、县人民政府组织有关部门研究确定。

动物防疫监督机构对屠宰场（点）屠宰的动物实行检疫并加盖动物防疫监督机构统一使用的验讫印章。国务院畜牧兽医行政管理部门、商品流通行政管理部门协商确定范围内的屠宰厂、肉类联合加工厂的屠宰检疫按照国务院的有关规定办理，并依法进行监督。

第三十三条 农民个人自宰自用生猪等动物的检疫，由省、自治区、直辖市人民政府制定管理办法。

第三十四条 动物防疫监督机构依法进行检疫，按照国务院财政、物价行政管理部门的规定收取检疫费用，不得加收其他费用，也不得重复收费。

第三十五条 动物防疫监督机构不得从事经营性活动。

第三十六条 国内异地引进种用动物及其精液、胚胎、种蛋的，应当先到当地动物防疫监督机构办理检疫审批手续并须检疫合格。

第三十七条 人工捕获的可能传播动物疫病的野生动物，须经捕获地或者接收地的动物防疫监督机构检疫合格，方可出售和运输。

第三十八条 经检疫合格的动物、动物产品,由动物防疫监督机构出具检疫证明,动物产品同时加盖或者加封动物防疫监督机构使用的验讫标志。

经检疫不合格的动物、动物产品,由货主在动物检疫员监督下作防疫消毒和其他无害化处理;无法作无害化处理的,予以销毁。

第三十九条 动物凭检疫证明出售、运输、参加展览、演出和比赛。动物产品凭检疫证明、验讫标志出售和运输。

第四十条 检疫证明不得转让、涂改、伪造。

检疫证明的格式和管理办法,由国务院畜牧兽医行政管理部门制定。

第五章 动物防疫监督

第四十一条 动物防疫监督机构依法对动物防疫工作进行监督。

动物防疫监督机构在执行监测、监督任务时,可以对动物产品采样、留验、抽检,对没有检疫证明的动物、动物产品进行补检或者重检,对染疫或者疑似染疫的动物和染疫的动物产品进行隔离、封存和处理。

第四十二条 经铁路、公路、水路、航空运输动物、动物产品的,托运人必须提供检疫证明方可托运;承运人必须凭检疫证明方可承运。

动物防疫监督机构有权对动物、动物产品运输依法进行监督检查。

第四十三条 动物防疫监督工作人员执行监督检查任务时,应当出示证件,有关单位和个人应当给予支持、配合。

动物防疫监督机构及人员进行动物防疫监督检查,不得收取费用。

第四十四条　动物饲养场所、贮存场所、屠宰厂、肉类联合加工厂、其他定点屠宰场（点）和动物产品冷藏场所的工程的选址和设计，应当符合国务院畜牧兽医行政管理部门规定的动物防疫条件。

第四十五条　动物饲养场、屠宰厂、肉类联合加工厂和其他定点屠宰场（点）等单位，从事动物饲养、经营和动物产品生产、经营活动，应当符合国务院畜牧兽医行政管理部门规定的动物防疫条件，并接受动物防疫监督机构的监督检查。

从事动物诊疗活动，应当具有相应的专业技术人员，并取得畜牧兽医管理部门发放的动物诊疗许可证。

患有人畜共患传染病的人员不得直接从事动物诊疗以及动物饲养、经营和动物产品生产、经营活动。

第六章　　法律责任

第四十六条　违反本法规定，有下列行为之一的，由动物防疫检疫监督机构给予警告；拒不改正的，由动物防疫监督机构依法代作处理，处理所需费用由违法行为人承担：

（一）对饲养、经营的动物不按照动物疫病的强制免疫计划和国家有关规定及时进行免疫接种和消毒的；

（二）对动物、动物产品的运载工具、垫料、包装物不按照国家有关规定清洗消毒的；

（三）不按照国家有关规定处置染疫动物及其排泄物、染疫动物的产品、病死或者死因不明的动物尸体的。

第四十七条　违反本法第十七条规定，保存、使用、运输动物源性致病微生物或者运输动物病料的，由动物防疫监督机构给予警告，可以并处二千元以下的罚款。

第四十八条　　违反本法规定,经营下列动物、动物产品的,由动物防疫监督机构责令停止经营,立即采取有效措施收回已出售的动物、动物产品,没收非法所得和未售出的动物、动物产品;情节严重的,可以并处违法所得五倍以下的罚款:

　　(一)封锁疫区内与所发生动物疫病有关的;

　　(二)疫区内易感染的;

　　(三)依法应当检疫而检疫不合格的;

　　(四)染疫的;

　　(五)病死或者死因不明的;

　　(六)其他不符合国家有关动物防疫规定的。

　　第四十九条　　违反本法规定,经营依法应当检疫而没有检疫证明的动物、动物产品的,由动物防疫监督机构责令停止经营,没收违法所得;对未售出的动物、动物产品,依法补检,并依照本法第三十八条的规定办理。

　　第五十条　　违反本法第四十二条规定,不执行凭检疫证明运输动物、动物产品的规定的,由动物防疫监督机构给予警告,责令改正;情节严重的,可以对托运人和承运人分别处以运输费用三倍以下的罚款。

　　第五十一条　　转让、涂改、伪造检疫证明的,由动物防疫监督机构没收非法所得,收缴检疫证明;转让、涂改检疫证明的,并处二千元以上五千元以下的罚款,违法所得超过五千元的,并处违法所得一倍以上三倍以下的罚款;伪造检疫证明的,并处一万元以上三万元以下的罚款,违法所得超过三万元的,并处违法所得一倍以上三倍以下的罚款;构成犯罪的,依法追究刑事责任。

　　第五十二条　　违反本法第四十五条第一款规定,从事动物饲养、经营和动物产品生产、经营活动的单位的动物防疫条件不符合规定的,由动物防疫监督机构给予警告、责令改正;拒不改正的,并处一万元以上三万元以下的罚款。

第五十三条 违反本法规定,单位瞒报、谎报或者阻碍他人报告动物疫情的,由动物防疫监督机构给予警告,并处以二千元以上五千元以下的罚款;对负有直接责任的主管人员和其他责任人员,依法给予行政处分。

第五十四条 违反本法规定,逃避检疫,引起重大动物疫情,致使养殖业生产遭受重大损失或者严重危害人体健康的,依法追究刑事责任。

第五十五条 动物检疫员违反本法规定,对未经检疫或者检疫不合格的动物、动物产品出具检疫证明、加盖验讫印章的,由其所在单位或者上级主管机关给予记过或者撤销动物检疫员资格的处分;情节严重的,给予开除的处分。

因前款规定的违法行为给有关当事人造成损害的,由动物检疫员所在单位承担赔偿责任。

第五十六条 动物防疫监督工作人员滥用职权,玩忽职守,徇私舞弊,隐瞒和延误疫情报告,伪造检疫结果,构成犯罪的,依法追究刑事责任;尚不构成犯罪的,依法给予治安管理处分。

第五十七条 阻碍动物防疫监督工作人员依法执行职务,构成犯罪的,依法追究刑事责任;尚不构成犯罪的,依法给予治安管理处罚。

第七章 附 则

第五十八条 本法自1998年1月1日起施行。

二、中华人民共和国进出境
动植物检疫法

(1991年10月30日第七届全国人民代表大会常务委员会第二十二次会议通过,并予公布,自1992年4月1日起施行)

第一章 总 则

第一条 为防止动物传染病、寄生虫病和植物危险性病、虫、杂草以及其他有害生物(以下简称病虫害)传入、传出国境,保护农、林、牧、渔业生产和人体健康,促进对外经济贸易的发展,制定本法。

第二条 进出境的动植物、动植物产品和其他检疫物,装载动植物、动植物产品和其他检疫物的装载容器、包装物,以及来自动植物疫区的运输工具,依照本法规定实施检疫。

第三条 国务院设立动植物检疫机关(以下简称国家动植物检疫机关),统一管理全国进出境动植物检疫工作。国家动植物检疫机关在对外开放的口岸和进出境动植物检疫业务集中的地点设立的口岸动植物检疫机关,依照本法规定实施进出境动植物检疫。

贸易性动物产品出境的检疫机关,由国务院根据情况规定。

国务院农业行政主管部门主管全国进出境动植物检疫工作。

第四条 口岸动植物检疫机关在实施检疫时可以行使下列职权:

(一)依照本法规定登船、登车、登机实施检疫;

（二）进入港口、机场、车站、邮局以及检疫物的存放、加工、养殖、种植场所实施检疫，并依照规定采样；

（三）根据检疫需要，进入有关生产、仓库等场所，进行疫情监测、调查和检疫监督管理；

（四）查阅、复制、摘录与检疫物有关的运行日志、货运单、合同、发票及其他单证。

第五条 国家禁止下列各物进境：

（一）动植物病原体（包括菌种、毒种等）、害虫及其他有害生物；

（二）动植物疫情流行的国家和地区的有关动植物、动植物产品和其他检疫物；

（三）动物尸体；

（四）土壤。

口岸动植物检疫机关发现有前款规定的禁止进境物的，作退回或者销毁处理。

因科学研究等特殊需要引进本条第一款规定的禁止进境物的，必须事先提出申请经国家动植物检疫机关批准。

本条第一款第二项规定的禁止进境物的名录，由国务院农业行政主管部门制定并公布。

第六条 国外发生重大动植物疫情并可能传入中国时，国务院应当采取紧急预防措施，必要时可以下令禁止来自动植物疫区的运输工具进境或者封锁有关口岸；受动植物疫情威胁地区的地方人民政府和有关口岸动植物检疫机关，应当立即采取紧急措施，同时向上级人民政府和国家动植物检疫机关报告。

邮电、运输部门对重大动植物疫情报告和送检材料应当优先传送。

第七条　国家动植物检疫机关和口岸动植物检疫机关对进出境动植物、动植物产品的生产、加工、存放过程，实行检疫监督制度。

第八条　口岸动植物检疫机关在港口、机场、车站、邮局执行检疫任务时，海关、交通、民航、铁路、邮电等有关部门应当配合。

第九条　动植物检疫机关检疫人员必须忠于职守，秉公执法。

动植物检疫机关人员依法执行公务，任何单位和个人不得阻挠。

第二章　进境检疫

第十条　输入动物、动物产品、植物种子、种苗及其他繁殖材料的，必须事先提出申请，办理检疫审批手续。

第十一条　通过贸易、科技合作、交换、赠送、援助等方式输入动植物、动植物产品和其他检疫物的，应当在合同或者协议中订明中国法定的检疫要求，并订明必须附有输出国家或者地区政府动植物检疫机关出具的检疫证书。

第十二条　货主或者其代理人应当在动植物、动植物产品和其他检疫物进境前或者进境时持输出国家或者地区的检疫证书、贸易合同等单证，向进境口岸动植物检疫机关报检。

第十三条　装载动物的运输工具抵达口岸时，口岸动植物检疫机关应当采取现场预防措施，对上下运输工具或者接近动物的人员、装载动物的运输工具和被污染的场地作防疫消毒处理。

第十四条　输入动植物、动植物产品和其他检疫物，应当在进境口岸实施检疫。未经口岸动植物检疫机关同意，不得卸离运输工具。

输入动植物,需隔离检疫的,在口岸动植物检疫机关指定的隔离场所检疫。

因口岸条件限制等原因,可以由国家动植物检疫机关决定将动植物、动植物产品和其他检疫物运往指定地点检疫。在运输、装卸过程中,货主或者其代理人应当采取防疫措施。

指定的存放、加工和隔离饲养或者隔离种植的场所,应当符合动植物检疫和防疫的规定。

第十五条 输入动植物、动植物产品和其他检疫物,经检疫合格的准予进境;海关凭口岸动植物检疫机关签发的检疫单证或者在报关单上加盖的印章验放。

输入动植物、动植物产品和其他检疫物,需调离海关监管区检疫的,海关凭口岸动植物检疫机关签发的《检疫调离通知单》验放。

第十六条 输入动物,经检疫不合格的,由口岸动植物检疫机关签发《检疫处理通知单》,通知货主或者其代理人作如下处理:

(一)检出一类传染病、寄生虫病的动物,连同其同群动物全群退回或者全群扑杀并销毁尸体;

(二)检出二类传染病、寄生虫病的动物,退回或者扑杀,同群其他动物在隔离场或者其他指定地点隔离观察。

输入动物产品和其他检疫物经检疫不合格的,由口岸动植物检疫机关签发《检疫处理通知单》,通知货主或者其代理人作除害、退回或者销毁处理。经除害处理合格的,准予进境。

第十七条 输入植物、植物产品和其他检疫物,经检疫发现有植物危险性病、虫、杂草的,由口岸动植物检疫机关签发《检疫处理通知单》,通知货主或者其代理人作除害、退回或者销毁处理。经除害处理合格的,准予进境。

第十八条　本法第十六条第一款第一项、第二项所称一类、二类动物传染病、寄生虫病的名录和本法第十七条所称植物危险性病、虫、杂草的名录,由国务院农业行政主管部门制定并公布。

第十九条　输入动植物、动植物产品和其他检疫物,经检疫发现有本法第十八条规定的名录之外,对农、林、牧、渔业有严重危害的其他病虫害的,由口岸动植物检疫机关依照国务院农业行政主管部门的规定,通知货主或者其代理人作除害、退回或者销毁处理。经除害处理合格的,准予进境。

第三章　　出境检疫

第二十条　货主或者其代理人在动植物、动植物产品和其他检疫物出境前,向口岸动植物检疫机关报验。

出境前需经隔离检疫的动物,在口岸动植物检疫机关指定的隔离场所检疫。

第二十一条　输出动植物、动植物产品和其他检疫物,由口岸动植物检疫机关实施检疫,经检疫合格或者经除害处理合格的,准予出境;海关凭口岸动植物检疫机关签发的检疫证书或者在报关单上加盖的印章验放。检疫不合格又无有效方法作除害处理的,不准出境。

第二十二条　经检疫合格的动植物、动植物产品和其他检疫物,有下列情形之一的,货主或者其代理人应当重新报检:

(一)更改输入国家或者地区,更改后的输入国家或者地区又有不同检疫要求的;

(二)改换包装或者原未拼装后来拼装的;

（三）超过检疫规定有效期限的。

第四章　过境检疫

第二十三条　要求运输动物过境的,必须事先取得中国国家动植物检疫机关同意,并按照指定的口岸和路线过境。

装载过境动物的运输工具、装载容器、饲料和铺垫材料,必须符合中国动植物检疫的规定。

第二十四条　运输动植物、动植物产品和其他检疫物过境的,由承运人或者押运人持货运单和输出国家或者地区政府动植物检疫机关出具的检疫证书,在进境时向口岸动植物检疫机关报检,出境口岸不再检疫。

第二十五条　过境的动物经检疫合格的,准予过境;发现有本法第十八条规定的名录所列的动物传染病、寄生虫病的,全群动物不准过境。

过境动物的饲料受病虫害污染的,作除害、不准过境或者销毁处理。

过境动物的尸体、排泄物、铺垫材料及其他废弃物,必须按照动植物检疫机关的规定处理,不得擅自抛弃。

第二十六条　对过境动植物、动植物产品和其他检疫物,口岸动植物检疫机关检查运输工具或者包装,经检疫合格的,准予过境;发现有本法第十八条规定的名录所列的病虫害的,作除害处理或者不准过境。

第二十七条　动植物、动植物产品和其他检疫物过境期间,未经动植物检疫机关批准,不得开拆包装或者卸离运输工具。

第五章　携带、邮寄物检疫

第二十八条　携带、邮寄植物种子、种苗及其他繁殖材料进境的,必须事先提出申请,办理检疫审批手续。

第二十九条　禁止携带、邮寄进境的动植物、动植物产品和其他检疫物的名录,由国务院农业行政主管部门制定并公布。

携带、邮寄前款规定的名录所列的动植物、动植物产品和其他检疫物进境的,作退回或者销毁处理。

第三十条　携带本法第二十九条规定的名录以外的动植物、动植物产品和其他检疫物进境的,在进境时向海关申报并接受口岸动植物检疫机关检疫。携带动物进境的,必须持有输出国家或者地区的检疫证书等证件。

第三十一条　邮寄本法第二十九条规定的名录以外的动植物、动植物产品和其他检疫物进境的,由口岸动植物检疫机关在国际邮件互换局实施检疫,必要时可以取回口岸动植物检疫机关检疫;未经检疫不得运递。

第三十二条　邮寄进境的动植物、动植物产品和其他检疫物,经检疫或者除害处理合格后放行;经检疫不合格又无有效方法作除害处理的,退回或者销毁处理,并签发《检疫处理通知单》。

第三十三条　携带、邮寄出境的动植物、动植物产品和其他检疫物,物主有检疫要求的,由口岸动植物检疫机关实施检疫。

第六章　运输工具检疫

第三十四条　来自动植物疫区的船舶、飞机、火车抵达口岸时,由口岸动植物检疫机关实施检疫。发现有本法第十八条规定的名录所列的病虫害的,作不准带离运输工具、除害、封存或者销毁处理。

第三十五条 进境的车辆,由口岸动植物检疫机关作防疫消毒处理。

第三十六条 进出境运输工具上的泔水、动植物性废弃物,依照口岸动植物检疫机关的规定处理,不得擅自抛弃。

第三十七条 装载出境的动植物、动植物产品和其他检疫物的运输工具,应当符合动植物检疫和防疫的规定。

第三十八条 进境供拆船用的废旧船舶,由口岸动植物检疫机关实施检疫,发现有本法第十八条规定的名录所列的病虫害的,作除害处理。

第七章　法律责任

第三十九条 违反本法规定,有下列行为之一的,由口岸动植物检疫机关处以罚款:

(一)未报检或者未依法办理检疫审批手续的;

(二)未经口岸动植物检疫机关许可擅自将进境动植物、动植物产品或者其他检疫物卸离运输工具或者运递的;

(三)擅自调离或者处理在口岸动植物检疫机关指定的隔离场所中隔离检疫的动植物的。

第四十条 报检的动植物、动植物产品或者其他检疫物与实际不符的,由口岸动植物检疫机关处以罚款;已取得检疫单证的,予以吊销。

第四十一条 违反本法规定,擅自开拆过境动植物、动植物产品或者其他检疫物的包装的,擅自将过境动植物、动植物产品或者其他检疫物卸离运输工具的,擅自抛弃过境动物的尸体、排泄物、铺垫材料或者其他废弃物的,由动植物检疫机关处以罚款。

第四十二条　违反本法规定,引起重大动植物疫情的,比照刑法第一百七十八条的规定追究刑事责任。

第四十三条　伪造、变造检疫单证、印章、标志、封识,依照刑法第一百六十七条的规定追究刑事责任。

第四十四条　当事人对动植物检疫机关的处罚决定不服的,可以在接到处罚通知之日起十五日内向作出处罚决定的机关的上一级机关申请复议;当事人也可以在接到处罚通知之日起十五日内直接向人民法院起诉。

复议机关应当在接到复议申请之日起六十日内作出复议决定。当事人对复议决定不服的,可以在接到复议决定之日起十五日内向人民法院起诉。复议机关逾期不作出复议决定的,当事人可以在复议期满之日起十五日内向人民法院起诉。

当事人逾期不申请复议也不向人民法院起诉、又不履行处罚决定的,作出处罚决定的机关可以申请人民法院强制执行。

第四十五条　动植物检疫机关检疫人员滥用职权,徇私舞弊,伪造检疫结果,或者玩忽职守,延误检疫出证,构成犯罪的,依法追究刑事责任;不构成犯罪的,给予行政处分。

第八章　附　则

第四十六条　本法下列用语的含义是:

(一)"动物"是指饲养、野生的活动物,如畜、禽、兽、蛇、龟、鱼、虾、蟹、贝、蚕、蜂等;

(二)"动物产品"是指来源于动物未经加工或者虽经加工但仍有可能传播疫病的产品,如生皮张、毛类、肉类、脏器、油脂、动物水产品、奶制品、蛋类、血液、精液、胚胎、骨、蹄、角等；

（三）"植物"是指栽培植物、野生植物及其种子、种苗及其他繁殖材料等；

（四）"植物产品"是指来源于植物未经加工或者虽经加工但仍有可能传播病虫害的产品，如粮食、豆、棉花、油麻、烟草、籽仁、干果、鲜果、蔬菜、生药材、木材、饲料等；

（五）"其他检疫物"是指动物疫苗、血清、诊断液、动植物性废弃物等。

第四十七条　中华人民共和国缔结或者参加的有关动植物检疫的国际条约与本法有不同规定的，适用该国际条约的规定。但是，中华人民共和国声明保留的条款除外。

第四十八条　口岸动植物检疫机关实施检疫依照规定收费。收费办法由国务院农业行政主管部门会同国务院物价等有关主管部门制定。

第四十九条　国务院根据本法制定实施条例。

第五十条　本法自1992年4月1日起施行。1982年6月4日国务院发布的《中华人民共和国进出口动植物检疫条例》同时废止。

附：刑法有关条款

第一百六十七条　伪造、变造或者盗窃、抢夺、毁灭国家机关、企业、事业单位、人民团体的公文、证件、印章的，处三年以下有期徒刑、拘役、管制或者剥夺政治权利；情节严重的，处三年以上十年以下有期徒刑。

第一百七十八条　违反国境卫生检疫规定，引起检疫传染病的传播，或者有引起检疫传染病传播严重危险的，处三年以下有期徒刑或者拘役，可以并处或者单处罚金。

三、中华人民共和国国家标准：畜禽病害肉尸及其产品无害化处理规程

GB 16548—1996

Code for the bio—safety disposal of carcasses and by—products from diseased livestock and poultry

1. 主题内容与适用范围

本标准规定了畜禽病害肉尸及其产品的销毁、化制、高温处理和化学处理的技术规范。

本标准适用于各类饲养场、肉类联合加工厂、定点屠宰点和畜禽运输及肉类市场等。

2. 处理对象

2.1　猪、牛、羊、马、骡、驼、兔及鸡、鸭、鹅患传染性疾病、寄生虫病和中毒性疾病的肉尸（除去皮毛、内脏和蹄）及其产品（内脏、血液、骨、蹄、角和皮毛）。

其他动物病害肉尸及其产品的无害化处理，参照本标准执行。

3. 病、死畜禽的无害化处理

3.1　销毁

3.1.1　适用对象

确认为炭疽、鼻疽、牛瘟、牛肺疫、恶性水肿、气肿疽、狂犬病、羊快疫、羊肠毒血症、肉毒梭菌中毒症、羊猝疽、马流行性淋巴管炎、马传染性贫血病、马鼻腔肺炎、马鼻气管炎、蓝舌病、非洲猪瘟、猪瘟、口蹄疫、猪传染性水疱病、猪密螺旋体痢疾、急性猪丹毒、牛鼻气管炎、粘膜病、钩端螺旋体病（已黄染肉尸）、李氏杆菌病、布鲁氏菌病、鸡新城疫、马立克氏病、鸡瘟

（禽流感）、小鹅瘟、鸭瘟、兔病毒性出血症、野兔热、兔产气荚膜梭菌病等传染病和恶性肿瘤或两个器官发现肿瘤的病畜禽整个尸体；从其他患病畜禽各部分割除下来的病变部分和内脏。

3.1.2　操作方法

下述操作中，运送尸体应采用密闭的容器。

3.1.2.1　湿法化制

利用湿化机，将整个尸体投入化制（熬制工业用油）。

3.1.2.2　焚毁

将整个尸体或割除下来的病变部分和内脏投入焚化炉中烧毁炭化。

3.2　化制

3.2.1　适用对象

凡病变严重、肌肉发生退行性变化的除3.1.1传染病以外的其他传染病、中毒性疾病、囊虫病、旋毛虫病及自行死亡或不明原因死亡的畜禽整个尸体或肉尸和内脏。

3.2.2　操作方法

利用干化机，将原料分类，分别投入化制。亦可使用3.1.2.1方法化制。

3.3　高温处理

3.3.1　适用对象

猪肺疫、猪溶血性链球菌、猪副伤寒、结核病、副结核病、禽霍乱、传染性法氏囊病、鸡传染性支气管炎、鸡传染性喉气管炎、羊痘、山羊关节炎脑炎、绵羊梅迪/维斯那病、弓形虫病、梨形虫病、锥虫病等病畜的肉尸和内脏。

确认为3.1.1传染病病畜禽的同群畜禽以及怀疑被其污染的肉尸和内脏。

3.3.2 操作方法

3.3.2.1 高压蒸煮法

把肉尸切成重不超过 2kg、厚不超过 8cm 的肉块,放在密闭的高压锅内,在 112kPa 压力下蒸煮 1.5～2h。

3.3.2.2 一般煮沸法

将肉尸切成 3.3.2.1 规定大小的肉块,放在普通锅内煮沸 2～2.5h(从水沸腾时算起)。

4. 病畜禽产品的无害化处理

4.1 血液

4.1.1 漂白粉消毒法

用于 3.1.1 条中的传染病以及血液寄生虫病病畜禽血液的处理。

将 1 份漂白粉加入 4 份血液中充分搅匀,放置 24h 后于专设掩埋废弃物的地点掩埋。

4.1.2 高温处理

用于 3.3.1 条患病畜禽血液的处理。

将已凝固的血液切割成豆腐方块,放入沸水中烧煮,至血块深部呈黑红色并成蜂窝状时为止。

4.2 蹄、骨和角

将肉尸作高温处理时剔出的病畜禽骨和病畜的蹄、角放入高压锅内蒸煮至骨脱胶或脱脂时为止。

4.3 皮毛

4.3.1 盐酸食盐溶液消毒法

用于被 3.1.1 疫病污染的和一般病畜的皮毛消毒。

用 2.5% 盐酸溶液和 15% 食盐水溶液等量混合,将皮张浸泡在此溶液中,并使液温保持在 30℃左右,浸泡 40h,皮张与消毒液之比为 1∶10(m/V)。浸泡后捞出沥干,放入 2% 氢氧化钠溶液中，以中和皮张上的酸，再用水冲洗后晾干。也可按 100ml 2.5％食盐水溶液中加入盐酸 1ml 配制消毒液，在室温 15℃条件下浸泡 18h，皮张与消毒液之比 1：4。浸泡后捞出沥干，再放入 1％氢氧化钠溶液中浸泡，以中和皮张上的酸，再用水冲洗后晾干。

4.3.2　过氧乙酸消毒法

用于任何病畜的皮毛消毒。

将皮毛放入新鲜配制的 2％过氧乙酸溶液中浸泡 30min，捞出，用水冲洗后晾干。

4.3.3　碱盐液浸泡消毒

用于同 3.1.1 疫病污染的皮毛消毒。

将病皮浸入 5％碱盐液(饱和盐水内加 5％烧碱)中，室温(17℃～20℃)浸泡 24h，并随时加以搅拌，然后取出挂起，待碱盐液流净，放入 5％盐酸液内浸泡，使皮上的酸碱中和，捞出，用水冲洗后晾干。

4.3.4　石灰乳浸泡消毒

用于口蹄疫和螨病病皮的消毒。

制法：将 1 份生石灰加 1 份水制成熟石灰，再用水配成10％或 5％混悬液(石灰乳)。

口蹄疫病皮，将病皮浸入 10％石灰乳中 2h；螨病病皮，则将皮浸入 5％石灰乳中浸泡 12h，然后取出晾干。

4.3.5　盐腌消毒

用于布鲁氏菌病病皮的消毒。

用皮重 15％的食盐，均匀撒于皮的表面。一般毛皮腌制两个月，胎儿毛皮腌制三个月。

4.4　病畜鬃毛的处理

将鬃毛于沸水中煮沸 2～2.5h。

用于任何病畜的鬃毛处理。

附加说明：

本标准由中华人民共和国农业部提出。

本标准由全国动物检疫标准化技术委员会归口。

本标准由农业部动物检疫所负责起草。

本标准主要起草人仰惠芬、杨承谕、郑志刚。

四、国际兽疫局(OIE)A,B 类
传染病名单

根据 1999 年修订的《国际动物卫生法典》,国际兽疫局将危害畜牧业较严重,各成员国必须通报的动物传染病分为 A,B 两类。其中,A 类包括 15 种在全球范围内越境传播的传染病,这些疫病可造成重大经济损失,而且还会给动物和畜产品的国际贸易带来严重影响。发现 A 类病流行的国家,必须向国际兽疫局进行通报。B 类传染病包括 67 种。各国每年都要向国际兽疫局通报 1 次 B 类病的发生情况。

A 类病名单:口蹄疫、水疱性口炎、猪水疱病、牛瘟、小反刍兽疫、牛传染性胸膜肺炎、皮肤结节性疹、裂谷热、蓝舌病、羊痘、非洲马瘟、非洲猪瘟、猪瘟、高致病性禽流感、新城疫。

B 类病名单:

(1)共患病:炭疽、伪狂犬病、棘球蚴病、心水病、钩端螺旋体病、狂犬病、副结核、螺旋蝇蛆病。

(2)牛病:边虫病、巴贝西虫病、布氏杆菌病、牛生殖道弯曲菌病、结核病、囊尾蚴病、嗜皮菌病、牛地方流行性白血病、出血性败血病、牛传染性鼻气管炎、泰勒氏虫病、毛滴虫病、牛海绵状脑病。

(3)羊病:绵/山羊布氏杆菌病、山羊关节炎/脑炎、传染性无乳症、山羊传染性胸膜肺炎、羊地方流行性流产、绵羊附睾炎、梅迪—维斯纳病。

(4)马病:马传染性子宫炎、马媾疫、马地方流行性淋巴管炎、马脑脊髓炎、马传染性贫血、马流感、马巴贝西虫病、马鼻疽、马痘、马传染性动脉炎、日本脑炎、马鼻肺炎、马蝇病、委内瑞拉脑脊髓炎。

　　(5)猪病：萎缩性鼻炎、布氏杆菌病、肠病毒性脑脊髓炎、猪传染性胃肠炎、旋毛虫病。

　　(6)禽病：鸡传染性支气管炎、鸡传染性喉气管炎、禽结核、鸭病毒性肝炎、鸭病毒型肠炎、禽霍乱、传染性法氏囊病、马立克氏病、禽霉形体病、鹦鹉热/鸟疫、禽肠炎沙门氏菌和伤寒沙门氏菌病。

　　(7)兔病：兔黏液瘤病、土拉杆菌病、兔病毒性出血性败血症。

　　(8)蜂病：蜂螨病、美洲蜂幼虫腐臭病、欧洲蜂幼虫腐臭病、蜂孢子虫病、瓦螨病。

五、口蹄疫灭活疫苗免疫程序(试行)

一、灭活疫苗的理化性状

口蹄疫灭活疫苗为乳白色或淡红色、略带粘滞性流体的均匀乳状液;经贮存后允许在疫苗瓶中的乳状液之液面上有少量油相或在瓶内底部有部分水相析出,摇之即呈均匀乳状液;凡疫苗色泽等与说明书不一致或疫苗中含有异物、无标签、标签模糊不清、瓶有裂纹、封口不严以及变质者不得应用。

二、疫苗的保存和运输

疫苗在保存、运输等方面,都需要特定的条件,只有严格地遵守这些条件,才能保证疫苗的效力。

(一)疫苗的保存

在 2℃~8℃下冷藏保存,防止冻结、高温和阳光照射;保存期限不得超过疫苗所规定的有效保存期。

(二)疫苗的运输

宜用冷藏运送,或用飞机、火车等尽快运往使用地点;严防暴晒或冻结。

三、免疫程序(试行)

(一)猪 O 型口蹄疫灭活疫苗免疫程序

1. 疫苗　猪 O 型口蹄疫灭活疫苗(普通苗),猪 O 型口蹄疫灭活疫苗(Ⅱ)(高效苗)。

2. 规模化猪场(或养猪专业户)免疫程序。

（1）种公猪　每年注苗2次，每隔6个月注苗1次。普通苗每次肌注3ml/头或后海穴注1.5ml/头，高效苗每次肌注2ml/头或后海穴注1ml/头。

（2）生产母猪　分娩前1.5个月肌注高效苗2ml/头，也可后海穴注1ml/头。

（3）育肥猪　①出生后30～40日龄首免，肌注普通苗2ml/头或高效苗1ml/头，也可后海穴注普通苗1.5ml/头或高效苗1ml/头。②60～70日龄二免，肌注普通苗3ml/头或高效苗2ml/头，也可后海穴注普通苗1.5ml/头或高效苗1ml/头。③应用普通苗在出栏前30日三免，肌注普通苗3ml/头，也可后海穴注普通苗1.5ml/头。

（4）后备种猪　仔猪二免后，每隔6个月免疫1次，普通苗肌注3ml/头或后海穴注1.5ml/头，高效苗肌注2ml/头或后海穴注1ml/头。

3.农村散养猪免疫程序

（1）种公猪　每年9月下旬至10月上旬接种疫苗1次，肌注普通苗3ml/头或高效苗2ml/头。次年3月下旬至4月上旬再接种疫苗1次（方法、剂量同前），或后海穴注射，每次普通苗1.5ml/头或高效苗1ml/头。

（2）生产母猪　分娩前1.5个月肌注普通苗3ml/头或高效苗2ml/头，也可后海穴注普通苗1.5ml/头或高效苗1ml/头。

（3）仔猪　①出生后30～40日龄首免，肌注普通苗2ml/头或高效苗1ml/头，也可后海穴注普通苗1.5ml/头或高效苗1ml/头。②60～70日龄二免（加强免疫1次），肌注普通苗3ml/头或高效苗2ml/头，也可后海穴注普通苗1.5ml/头或高效苗1ml/头。

（4）育肥猪　　仔猪二免后，每隔 6 个月免疫 1 次，普通苗肌注 3ml/头或后海穴注 1.5ml/头，高效苗肌注 2ml/头或后海穴注 1ml/头。

（5）市场免疫　　凡未经免疫或超过免疫有效期进入活畜交易市场的仔猪、育肥猪由交易市场值班兽医进行免疫。肌注普通苗仔猪 2ml/头、育肥猪 3ml/头，高效苗仔猪 1ml/头、育肥猪 2ml/头；也可后海穴注高效苗仔猪 1ml/头、育肥猪 1ml/头，普通苗仔猪 1.5ml/头、育肥猪 1.5ml/头。

（二）牛羊 O 型、O-A 型口蹄疫灭活疫苗免疫程序

1.疫苗　　牛羊 O 型口蹄疫灭活疫苗（单价苗），牛羊 O-A 型口蹄疫双价灭活疫苗（双价苗）。

2.规模化奶（肉）牛场免疫程序

（1）种公牛后备牛　　每年注苗 2 次，每隔 6 个月注苗 1 次。单价苗肌注 3ml/头，双价苗肌注 4ml/头。

（2）生产母牛　　分娩前 3 个月肌注单价苗 3ml/头或双价苗 4ml/头。

（3）犊牛　　①出生后 4～5 个月首免，肌注单价苗 2ml/头或双价苗 2ml/头。②首免后 6 个月二免（方法、剂量同首免）。③以后每间隔 6 个月接种 1 次，肌注单价苗 3ml/头或双价苗 4ml/头。

3.牧区、农村散养牛免疫程序

（1）成年牛　　每年免疫 2 次，每间隔 6 个月免疫 1 次，肌注单价苗 3ml/头或双价苗 4ml/头。

（2）犊牛　　①出生后 4～5 个月首免，肌注单价苗 2ml/头或双价苗 2ml/头。②首免后 6 个月二免（方法、剂量同首免）。③以后每间隔 6 个月接种 1 次，肌注单价苗 3ml/头或双价苗 4ml/头。

（3）怀孕母牛　于分娩前 3 个月肌注单价苗 3ml/头或双价苗 4ml/头。

4.羊的免疫程序　可以参照牛的免疫程序执行,肌内注射疫苗剂量减半。

六、常用消毒剂及其使用方法

常用消毒剂及使用方法表

名　　称	种类	浓度	时间（分钟）	温度（℃）	pH值	方法	生产厂家
过氧乙酸	氧化剂	1：500	30	0～26	3	喷雾	市售化药
过氧乙酸	酸　类	2g/m³	30	0～26	3	熏蒸	市售化药
戊二酸	酸　类	1：200	30	0～26	3	喷雾	抚顺师专
过氧戊二酸	酸　类	1：200	30	0～26	3	喷雾	抚顺师专
福尔马林	醛　类	5%～8%	30	16	6	喷雾	市售化药
福尔马林	醛　类	29g/m³	24	16	6	熏蒸	市售化药
苛性钠（钾）	碱　类	2%～4%	24	22～23	≥13	喷雾	市售化药
氨　水	碱　类	5%	24	2	≥13	喷雾	市售化药
菌毒敌	复合酚	1：200	30	0～26	<3	喷雾	湖南资江氮肥厂
菌毒敌	复合酚	4g/m³	30	0～26	<3	熏蒸	湖南资江氮肥厂
灭瘟灵	复合酚	1：200	30	0～26	<3	喷雾	广西平南化工一厂
农家福	复合酚	1：200	30	0～26	<3	喷雾	浙江黄泽日化厂
农　富	复合酚	1：200	30	0～26	<3	喷雾	西安203厂
菌毒灭	复合酚	1：200	30	0～26	<3	喷雾	湖北

名　称	种类	浓度	时间 （分钟）	温度 （℃）	pH值	方法	生产厂家
农　富	复合酚	1∶200	30	0～26	<3	喷雾	安德公司 （英）
菌　消	碘制剂	1∶300	30	0～26	<3	喷雾	辉瑞公司 （美）
强力消毒灵	有机氯	1∶200	30	0～26	6	喷雾	中兽医所药 厂
抗毒威	有机氯	1∶200	30	0～26	6	喷雾	上海平望消 毒剂厂
次氯酸钠	无机氯	0.5%	30	0～26	≥13	喷雾	甘肃刘家峡 化工厂
"84"消毒液	无机氯	0.5%	30	0～26	≥13	喷雾	兰州消毒材 料厂
"84"消毒液	无机氯	0.8%	30	0～26	≥13	喷雾	北京地坛医 院
雅好生	络合碘	1∶200	30	0～26	3	喷雾	瑞士加基气 巴公司
超雅好生	络合碘	1∶200	30	0～26	3	喷雾	湖南资江氮 肥厂

主要参考文献

1. 胡祥璧等译·家畜传染病·中国农业出版社,1988

2. 中国农业科学院哈尔滨兽医研究所主编·家畜传染病学·中国农业出版社,1989

3. 田增义,尹德华主编·口蹄疫防疫技术·甘肃民族出版社,2001

4. 尹德华,韩福祥主编·家畜口蹄疫及其防制·中国农业出版社,1994

5. 陆承平主编·兽医微生物学(第三版).中国农业出版社,2001

6. 蔡宝祥主编·家畜传染病学(第四版).中国农业出版社,2001

7. 农业部畜牧兽医司主编·中国动物疫病志·科学出版社,1993

8. 于思庶等主编·中国人兽共患病学(第二版).福建科技出版社,1996

9. 于大海,崔观林主编·中国进出境动物检疫规范·中国农业出版社,1997

10. 殷震,刘景华主编·动物病毒学(第二版).科学出版社,1997

11. 杨本升等主编·动物微生物学·吉林科技出版社,1995

12. 张永光,李长有主编·口蹄疫防治简明手册·甘肃文化出版社,1999

奶牛防疫员培训教材	9.00元	羊良种引种指导	9.00元
奶牛饲养员培训教材	8.00元	养羊技术指导(第三次	
肉牛无公害高效养殖	8.00元	修订版)	11.50元
肉牛快速肥育实用技术	13.00元	农户舍饲养羊配套技术	17.00元
肉牛饲料科学配制与应		羔羊培育技术	4.00元
用	10.00元	肉羊高效益饲养技术	8.00元
肉牛高效益饲养技术	10.00元	肉羊饲养员培训教材	9.00元
肉牛饲养员培训教材	8.00元	怎样养好绵羊	8.00元
奶水牛养殖技术	6.00元	怎样养山羊(修订版)	9.50元
牦牛生产技术	9.00元	怎样提高养肉羊效益	10.00元
秦川牛养殖技术	8.00元	良种肉山羊养殖技术	5.50元
晋南牛养殖技术	10.50元	奶山羊高效益饲养技术	
农户科学养奶牛	16.00元	(修订版)	6.00元
牛病防治手册(修订版)	12.00元	关中奶山羊科学饲养新	
牛病鉴别诊断与防治	6.50元	技术	4.00元
牛病中西医结合治疗	16.00元	绒山羊高效益饲养技术	5.00元
疯牛病及动物海绵状脑		辽宁绒山羊饲养技术	4.50元
病防制	6.00元	波尔山羊科学饲养技术	8.00元
犊牛疾病防治	6.00元	小尾寒羊科学饲养技术	4.00元
肉牛高效养殖教材	5.50元	湖羊生产技术	7.50元
优良肉牛屠宰加工技术	23.00元	夏洛莱羊养殖与杂交利	
西门塔尔牛养殖技术	6.50元	用	7.00元
奶牛繁殖障碍防治技术	6.50元	萨福克羊养殖与杂交利	
牛羊猝死症防治	9.00元	用	6.00元
现代中国养羊	52.00元	羊场畜牧师手册	35.00元

　　以上图书由全国各地新华书店经销。凡向本社邮购图书或音像制品，可通过邮局汇款，在汇单"附言"栏填写所购书目，邮购图书均可享受9折优惠。购书30元(按打折后实款计算)以上的免收邮挂费，购书不足30元的按邮局资费标准收取3元挂号费，邮寄费由我社承担。邮购地址：北京市丰台区晓月中路29号，邮政编码：100072，联系人：金友，电话：(010)83210681、83210682、83219215、83219217(传真)。